山东省自然科学基金ZR2017MG017、中央高校基本科研业务费专项资金22CX04008B资助课题

废旧电子产品回收路径及推进策略研究

管理
MANAGEMENT

张 涛 著

Research on Recycling Path and Advancing Stagrties
of End-of- life Electronic Items

上海交通大学出版社
SHANGHAI JIAO TONG UNIVERSITY PRESS

内容提要

利益相关者与社会大环境影响着废旧电子产品的回收。由于废旧电子产品不同于一般废旧物品,其制造材料的复杂性及部分材料的有害性如不经过妥善的回收处理会对生态环境造成严重污染。本书以废旧电子产品回收为主要的研究对象,通过针对企业再制造产品需求角度、企业回收定价角度、政府环境治理角度、政府奖惩力度角度、消费者心理距离角度、激励机制效率研究角度、消费者行为影响路径等方面进行废旧电子产品系统化回收相关因素的挖掘和作用关系探索与路径联接,进而研究和总结出有效结论和回收的推进策略。

图书在版编目(C I P)数据

废旧电子产品回收路径及推进策略研究 / 张涛著
. — 上海:上海交通大学出版社,2022.8
ISBN 978 - 7 - 313 - 26690 - 3

Ⅰ.①废… Ⅱ.①张… Ⅲ.①电子产品-废物回收-研究 Ⅳ.①X76

中国版本图书馆 CIP 数据核字(2022)第 046959 号

废旧电子产品回收路径及推进策略研究
FEIJIU DIANZICHANPIN HUISHOULUJING JI TUIJINCELÜE YANJIU

著　者:张涛

出版发行:上海交通大学出版社　　　　　地　址:上海市番禺路 951 号
邮政编码:200030　　　　　　　　　　　电　话:021 - 64071208
印　刷:上海天地海设计印刷有限公司　　经　销:全国新华书店
开　本:710mm×1000mm　1/16　　　　印　张:15.75
字　数:245 千字
版　次:2022 年 8 月第 1 版　　　　　　印　次:2022 年 8 月第 1 次印刷
书　号:ISBN 978 - 7 - 313 - 26690 - 3
定　价:69.00 元

前　言

随着中国经济的快速发展,伴随着消费结构升级以及电子产品更新换代速度加快,废旧电子产品大量产生,并呈现快速增长态势,而电子垃圾具有潜在环境污染性和可作为再生资源回收利用的资源性的特点,这就需要建立电子垃圾规范的回收体系。目前公众意识不强,回收体系尚不完善,规范的回收过程复杂成本高,使得"回收难"成为遏制行业发展的主要因素,而公众的积极参与是完善资源回收体系的重要源泉。因此加强对电子垃圾回收行为的内在机理研究,通过消费者、企业和政府的紧密协作、信息共享、利益共占与价值共创,实现协同增效。

党的十九大报告提出,中国要推动互联网、大数据、人工智能与实体经济深度融合,数字经济系统通过大数据对于回收行为的识别—选择—过滤—存储—使用,引导、实现资源的快速优化配置与再生。利用数字经济的思维和工具,研究电子垃圾的回收行为,解决回收的功能定位、模式选择、因素限制、规则细化和体系构建,降低社会交易成本,提高资源优化配置效率,提高产品、企业、产业附加值,最终实现其回收的规范性、确定性和可预见性,为绿色可持续发展作贡献。

本书从需求角度出发,构建了需求动态变化下的合作博弈模型,说明需求对决策的影响。随后,基于环境治理视角,构建废旧电子产品回收模型,分析闭环供应链两阶段回收再制造决策关系,构建分散与集中决策模型。研究得出,集中决策的电子产品最优价格、市场需求、回收量、回收价格以及闭环供应链总利润优于分散决策的情况；考虑政府实施环境治理以及消费者的产品环保意识约束，在分散决策时，制造商因环保回收再制造所产生的环境质量改善率会有所提升；验证了集中决策和分散决策时政府和消费者的环境治理约束变化对于闭环供应链各决策的影响情况，说明政府必须要合理制定电子产品绿色生产、回收的约束和激励，消费者也要提高自身环境保护意识和对于产品绿色性、环保性的敏感程度，从而实现废旧电子产品回收再制造闭环供应链的协调，使各方利益最大化并且保证环境效益最大化。

另外考虑了在回收价格与消费者环保意识双重作用下设置奖惩机制对决策的影响，进一步得出惩罚力度与消费者意识双重作用下废旧产品回收策略。对于政府来说，提高奖惩系数和提高消费者意识，都会促进企业回收率的提高。而通过环保宣传提高消费者意识，将会使企业的定价上涨，同时企业的利润会先下降后上升。通过政策规定提高奖惩系数，将会使企业的定价下降，同时企业的利润先下降后上升。从消费者和企业的角度来看，策略是首先提高消费者的环保意识，然后提高奖惩系数。这种策略激励企业投资于增加回收率的活动，而又不会引起产品价格和企业利润的急剧变化。

本书通过研究居民心理距离对废旧电子产品回收的影响，从时间距离、空间距离、概率距离和社会距离几个方面出发，认为心理距离对居民废旧电子产品回收的参与意愿有显著影响，且心理距离越小，居民认为后果严重性越大，意愿越强烈，参与回收的行为就越明显。在分析双渠道回收环境的废旧电子产品回收市场基础上，开发了废旧电子产品回收中政府激励的效率分析模型，认为当政府无激励时，正规回收数量处于最低状态，投入产出比处于最高状态，而激励越高，回收量越大，投入产出比不断减小。此外，本书还利用消费者效用理论，建立了一个双寡头博弈模型，研究传统回收渠道和网络回收渠道的处理商在消费者环保意识影响下的减排和定价策略，分析得出消费者行为影响路径，研究发现当消费者环保意识一定时，传统回收渠道和网络回收渠道的可替代程度越高，即渠道之间的竞争越激烈，而处理商的利润就越低，当环保意识水平越低，渠道竞争越激烈，对处理商利润的影响越不利；当消费者环保意识水平较低时，处理商回收渠道的选择对其影响不大。

　　电子垃圾所引发的经济现象、社会问题,使得社会各界对电子垃圾回收问题的研究和关注越来越多。废旧电子产品相关问题随着时代进步会不断发生改变,这要求全体居民与企业必须清楚认知,保护环境是我们整个社会的共同责任,我们应时刻谨记绿色发展理念,从整个产业链循环出发,把好每个关头。通过研究影响电子垃圾回收的相关社会、情境以及心理因素,显示信任、信息泄露以及回收设施的便利性等问题,对电子垃圾回收具有重要影响。在研究基础上提出电子垃圾回收的管制政策,最终实现其回收的规范性、确定性和可预见性。

目 录

第 1 章

绪　论

1.1　研究背景

我国每年都有数量巨大的产品报废或者遗弃,特别是各种各样的电子产品的报废和遗弃,不仅对环境造成了较大的污染,同时也造成了一定程度的资源浪费。废旧电子产品带来的对资源浪费和环境污染的影响早已经成为政府和社会关注的焦点,如何有效地解决废旧电子产品回收利用成了国家和社会亟待解决的关键问题。

2011 年,《关于建立完整的先进的废旧商品回收体系的意见》由国务院办公厅发出,提出要在市场机制的作用下实现废旧产品的多渠道回收与集中分拣处理相结合;2012 年,财政部出台《废弃电器电子产品处理基金征收管理办法》,通过对部分电子产品的生产厂商增收一定数额的管理基金来补贴相应的回收处理企业;2014 年,《废旧电器电子产品处理目录》将手机、电话等也纳入了废旧品处理名单;2015 年《再生资源回收体系建设中长期规划(2015—2020年)》发布,对我国的废旧产品回收网点布局和发展进行了规划。国家对废旧产品回收利用制定的相关法律政策法规,都使废旧产品的回收利用更加适应市场化经济的发展,从而在实现资源回收和环境保护的双重效益下,进一步促进社会经济发展。

传统的废旧电子产品回收利用过程主要涉及废旧电子产品回收、根据质量级别分类加工再制造、再制造产品销售这几个环节,而其中的产品回收及分类再制造是废旧电子产品回收利用的主要环节。废旧电子产品回收可以为产品制造企业提供原材料,但废旧电子产品回收具有回收过程繁琐和回收量不稳定的特性,会增加回收商的回收成本及影响再制造企业的制造等。因此,作为市场主体的政府为提高废旧电子产品的回收,会采取激励政策和措施对废旧电子产品回收和再制造企业的经济行为进行引导,从而降低回收企业的生产成本并保证再制造商的生产;同时,再制造企业也会委托零售商进行产品的回收和销售,以求在降低回收成本和生产成本的条件下提高产量和销售量;除此之外,回收的废旧电子产品并非全部能用于生产,要根据回收产品的不同情况进行分类,从而实现回收产品能够物尽所用。

现有的废旧电子产品的回收再利用研究,主要集中在如何提高产品的回收率上。政府在产品的回收过程中起引导作用,通过制定相关的法律法规政策,引导和刺激产品回收企业的产品回收行为,再制造厂商作为回收废旧电子产品的加工者,需要依托众多的零售商进行产品回购和销售。

传统的产品回收再制造系统多涉及废旧电子产品的回收过程和处理过程研究,对于废旧电子产品的回收全面研究相对较少,并且这些研究内容大多数只是对于闭环供应链的某一环节进行了针对性的研究和分析,没有系统地将废旧电子产品回收的整个环节进行分析。且在绿色回收与再制造,提升环境质量的新要求、新政策的号召下,需要政府和企业从环境治理的角度来转变废旧电子产品的回收再制造策略,强化技术驱动,实现资源循环使用、环境保护的转型发展,使废旧电子产品的回收再制造更加适应市场化经济的发展,从而在实现资源回收和环境保护的双重效益下,进一步促进回收再制造产业链的可持续发展。

另一方面,虽然当前政府和企业已经开始重视废旧电子产品回收的相关工作,但其整体的工作还围绕着整个的废旧电子产品回收治理过程,并把重心更多地放在废旧电子产品回收的下游阶段,也即治理阶段。而上游的回收阶段却没有引起相关方足够的关注,存在很大的不确定性,也没有相对规范的实施办法。因此,为了能更有效地规范废旧电子产品的回收治理、循环与再利用的流程,政府和企业需要建立更为有效的废旧电子产品逆向物流体系。而逆向物流体系的建立,首先在于回收的环节,回收过程本就是一个环境问题处理过程。环境问题从根本上来说又是社会问题的一种,其解决的关键离不开居民的配合

及参与。而且综合来看,从居民出发的举措能够避免在源头上的污染和防止
"先污染后治理"的现象发生,总的来说这个自我控制的过程往往能够达到成本
最低、相对效益最高。所以,从居民出发的举措是从源头解决问题的根本途径。
但是目前一些关于废旧电子产品回收的研究重心却并不在其源头上,从居民的
心理距离和环境行为角度出发的研究更是不充分。

1.2 国内外研究现状

由于废弃废旧电子产品数量庞大,一方面其中的零部件和原材料可以提取
再利用,另一方面也可能对环境产生严重污染,因此废旧电子产品回收成为国
内外学者研究的重点。

目前对废旧电子产品回收的相关研究主要集中在逆向供应链或闭环供应
链(CLSC)的渠道协调、成员激励和定价策略上。曹晓刚等(2019)考虑公平关
切,研究了闭环供应链中的制造商和零售商在不同公平关切情况下的最优决策
变化,并采用收益共享契约协调闭环供应链[1]。韩梅、康凯(2019)针对闭环供
应链中零售商与回收商竞争回收、新产品与再制造品竞争销售的双重竞争,构
建了财政干预策略和定价决策模型[2]。侯艳辉等(2019)考虑政府补贴和平台
宣传投入,研究了互联网第三方回收商和拆解商竞争回收的双渠道逆向供应链
的定价策略[3]。刘亮、李斧头(2020)研究了具有动态回收过程的闭环供应链的
最优决策与协调问题,并设计了激励成本分担契约来促进废旧品的回收[4]。
Seyyed-Mahdi Hosseini-Motlagh(2020)针对由一个制造商和两个经销商组成
的 CLSC,分别在分散决策和集中决策的模式下分析了经济激励、客户服务和
定价决策的最优值,并提出了成本分担契约以实现 CLSC 及其成员的最佳
绩效[5]。

1.2.1 电子产品与环境污染现状

1.2.1.1 电子产品生产使用状况

中国已经成为电器电子产品的生产、消费大国,据中国海关统计的 2012 年
至 2018 年中国电器电子产品的进出口数据可以发现,伴随经济的发展和进步,

我国电器电子产品的进出口额也在逐年增长,如图 1-1 和图 1-2 所示。

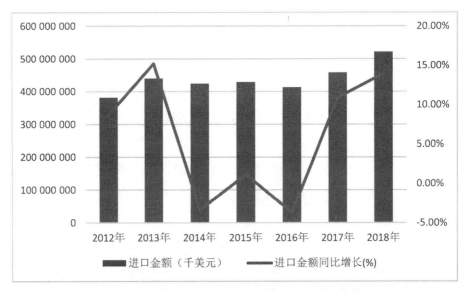

图 1-1 2012 年至 2018 年中国电器电子产品进口额

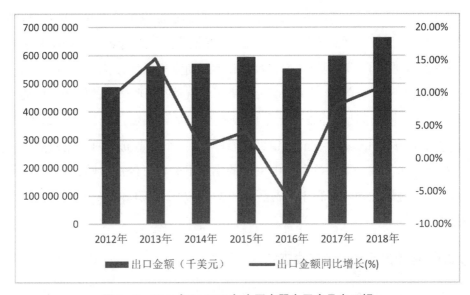

图 1-2 2012 年至 2018 年中国电器电子产品出口额

根据 2017 年中国家用电器研究院和中国再生资源回收利用协会废弃电器

电子产品分会发布的《中国废弃电器电子产品回收处理及综合利用》报告(简称《行业白皮书2017》),我国电器电子产品的居民保有量自1996年来一直保持高速增长态势,其中增长速度最快的是移动电话,数量为11.1亿台,其次是彩色电视机,保有量为5.4亿台,电冰箱4.3亿台,洗衣机4.1亿台,房间空调器3.9亿台,热水器3.7亿台,微型计算机2.5亿台。同时,黑白电视机的持续量不断下降,在2012年持有量就已经降低为0,如图1-3所示。

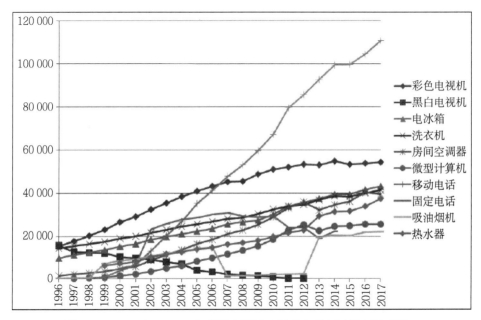

图 1-3 1996 年至 2017 年我国电器及电子产品的居民保有量(万台)

在2016年至2017年间,根据中国家用电器研究院所提出的社会保有量计算系数法测算结果显示,除燃气热水器和电热水器基本保持平稳状态,其余家用电器电子产品均涨幅明显,其中,手机和空调的社会保有量增幅最大,分别增长18.19%和17.26%,如图1-4所示。

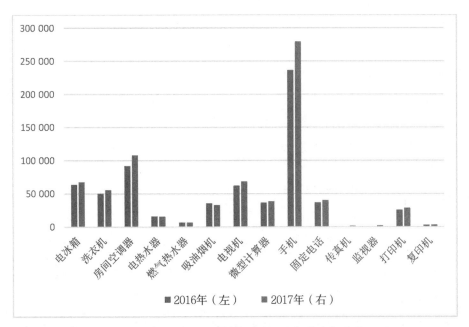

图 1-4　2016 年至 2017 年我国电器电子产品社会保有量(万台)

　　在消费者对电子产品的消费、使用方面,其主要需求来自智能手机和个人计算机。自 2002 年开始,以诺基亚、摩托罗拉等品牌为首的功能手机迅速在中国乃至世界范围内流行起来。随后,到 2008 年,以苹果、三星、HTC 等品牌为主要代表的智能手机逐步在世界范围内普及,全球智能手机的出货量迅速提升。尤其是 2010 至 2016 年间,年复合增长率为 14.80%。其中,中国智能手机出货量由 0.91 亿部增长到 6.29 亿部,年复合增长率达 42.68%,远高于全球增长率,中国智能手机出货量在全球占比逐年提升。随着智能手机用户数量基数的扩大,全球智能手机出货量同比增长率从 2012 年的 47.7% 下降到 2016 年的 2.3%,智能手机已基本进入平稳增长阶段。目前智能手机具有较高的更换频率,随着技术的不断进步,各主流品牌每年都会推出新设计、更高性能的机型,有效地刺激了终端用户的需求。

　　随着计算机性能的提升、体积的减小、成本的下降,在 20 世纪 90 年代初期,PC 个人电脑在 IBM、英特尔等一大批巨头的推动下,迎来了爆发式增长和发展。2000 年左右 PC 电脑进入亚太市场,同时,伴随着互联网的普及彻底激活了中国的 PC 市场。根据国家统计局的数据统计,2018 年 1—5 月,中国电子计算机整机产量累计达 13 237.5 万台,同比增长 6.3%;2017 年中国电子计算机整机产量累计达 36 376.4 万台,同比增长 7%。从目前我国计算机产业的发展情况来看,计算机应用已经深入到各行各业当中,在企业办公中实现了办公的信息化和高效化,个人计算机的普及性也在逐步扩大。

总体来说,随着现代经济和科技的高速发展,我国电器电子产品的生产制造需求也在不断扩大,行业已经进入稳定发展状态,人们的生活因此变得越来越便捷和智能,由此产生的社会效益和经济效益也在日益显现。

1.2.1.2　废旧电子产品环境污染现状

电子产品的广泛使用给人们带来便利的同时,废弃的电子产品也带来了巨大的负担。根据统计,在过去的近十年间,全球范围产生的废旧电子产品已经高达 100 亿台,产生量介于 4 000～5 000 万吨。2014 年统计,我国废旧电器电子产品的产生量(包括进口)约为 670 万吨,预计到 2022 年将达到 2 193 万吨。

废旧电子产品种类繁多,在人们的日常生活中主要使用和接触到的大致可以分成两类:一类是内部材料比较简单,环境危害比较小的废旧电子产品,例如电冰箱、洗衣机、空调等家用电器和一些医疗、科研电器等,这类电子产品的拆解过程比较简单,对环境的影响也比较小;另一类是内部材料较为复杂,环境危害比较大的废旧电子产品,例如智能手机、计算机、电视机等,由于这些电子产品中含有铅、砷、汞和其他的有毒物质,随意丢弃或不当处理都会给环境带来严重的污染,同时,也会对人体健康产生不同程度的危害。最典型的例子就是广东省的贵屿镇,贵屿镇是我国废旧电子产品回收分解最为集中的地区之一。2005 年,绿色和平组织针对贵屿镇及周边地区收集了 44 份环境样本,经过检测发现在废旧电子产品的回收拆解过程中会排出大量的有毒物质和重金属等,其中,土壤中钡超标 10 倍、锡超标 152 倍、铅超标 212 倍、铬超标 1 338 倍;水质检测中,污染物竟超标数千倍。

联合国环境规划总署在 2010 年发布的报告显示,中国与美国作为世界上最大的两大废旧电子产品生产国,每年产生数量巨大的废旧电子产品。到 2020 年,我国的废旧电脑会比 2007 年统计的数量翻一番至两番,而废旧手机的数量将会增加 7 倍,废弃的电子产品会给环境造成不同程度的污染并损害人体健康,亟待引起政府、企业以及废旧电子产品持有方的注意。

废旧电子产品的成分复杂且超过半数的材料含有化学物质,易对人体产生危害,甚至有一部分是含有剧毒的。当宣传工作不到位时,持无所谓态度的废旧电子产品拥有者就会选择一些非正规渠道处理手中的产品,而这些处理者进行废旧电子产品的填埋或者焚烧时,产品当中所含的重金属就会渗入到土壤、河流以及地下水中,直接或间接地对生物和当地居民产生伤害。并且,有机物被焚烧之后会释放大量有害气体,对生态环境和人体造成不同程度的损害,重者甚至伤害大脑、引发癌症。

总之,废旧电子产品具有潜在的环境污染性和部分元件可回收利用的资源性,应当探索与我国相适应的废旧电子产品污染防治道路,限制废旧电子产品的环境污染,同时,鼓励发展正规的废旧电子产品回收处理产业,以实现生态环境的可持续发展。

1.2.2 废旧电子产品回收再制造的环境污染分析

1.2.2.1 回收过程的环境污染分析

作为各类资源的综合体,废旧电子产品中蕴含着许多珍贵的能源,对于废旧电子产品的回收、再制造是解决资源短缺以及环境污染等问题的关键途径。通过废旧电子产品的回收过程,不仅可以变废为宝,还可以改善居民生活环境,减少废旧电子产品不当处置所造成的环境污染。

不规范的回收行为对于环境具有很强的负外部性,会导致许多环境问题,从而引起社会各方的矛盾,而将回收过程正规化则可以将废旧电子产品回收的环境影响控制在合理的范围内,以促进废旧电子产品的规模处理,降低废旧电子产品的环境代价。

中国一直保有"修旧利废"的优良传统,在废旧电器电子产品的回收处理上尤为体现。由于电器电子产品结束整个生命周期后还具有一定的材料价值,故其仍然作为一种商品在市场上进行交易。目前我国废旧电器和电子产品回收行业的发展历程可以划分为四大阶段,如图1-5所示。第一个阶段是2009年以前市场经济下,个体回收户为主的废旧资源回收形式。在利益的驱使下,我国自发形成了各路废旧电子产品的回收大军,主要的参与者有传统的供销社/物资回收企业、家电销售商"以旧换新"、搬家公司、售后服务站或维修站等;第二个阶段是 2009 至 2011 年在家电"以旧换新"政策引导下以零售商和制造商为主的家电以旧换新回收＋政府补贴回收模式;第三个阶段是 2012 至 2015 年颁布《条例》和实行基金制度后,以个体回收为主的传统再生资源回收模式;第四个阶段则是 2016 年以后,个体回收与创新回收协同发展。创新回收模式主要包括"互联网＋"回收、两网融合发展、新型交易平台、智能回收模式等。同时,自 2016 年起,国务院发布了"EPR 制度推行方案",并且把电器电子产品作为首批实施 EPR 的行业。

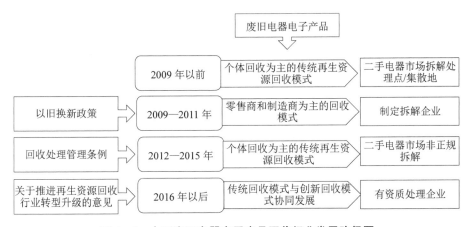

图 1-5　中国废旧电器电子产品回收行业发展路径图

通过对我国废旧电子产品处理企业的调研发现,自实施废旧电子产品的回收以来,虽然我国回收处理行业的总体资源化利用水平还不是很高,但是越来越多的回收企业开始关注到回收产物的深度加工,尤其是废旧塑料等材料的深加工和进一步利用。

根据 2017 年中国家用电器研究院和中国再生资源回收利用协会废弃电器电子产品分会公布的行业数据显示,我国获得废旧电子产品回收处理资质的企业在 2017 年回收处理的产品约为 7 900 万台,总重量达 170.25 万吨,经测算,在废旧电子产品的回收过程中,共回收了 37.2 万吨铁、4.3 万吨铜、8.1 万吨铝、40.5 万吨塑料。同时,废旧电子产品的规范化回收处理减少了对环境的危害,尤其是对环境危害比较大的印刷电路板和含有铅玻璃的元件的环境效益最为显著,并且,对于废旧电冰箱和空调器的规范化回收处理也进一步减少了温室气体的排放,极大地减少了不规范回收所带来的环境污染。

1.2.2.2　再制造过程的环境污染分析

废旧电子产品的再制造处理环节是变废为用的关键环节,企业在回收废旧电器和电子产品后需要经过分类、拆解、组装、再制造等环节。到目前为止,我国的废旧电器电子产品再制造处理行业的发展已经有十余年的历史,主要经历了四个阶段,如图1-6所示。

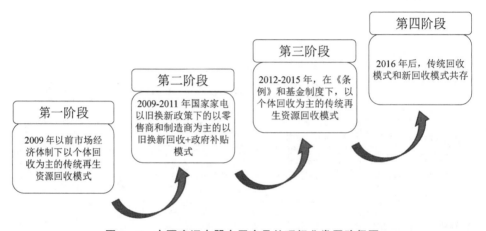

图 1-6　中国废旧电器电子产品处理行业发展路径图

经回收的废旧电子产品一般都需要经过处理再进入再制造环节,而处理废旧电子产品是一项专业性强且技术含量高的工作,我国不规范的小拆解作坊大都是通过强酸性溶液来溶解并提取废旧电子产品中的贵金属,废液和废渣往往不经任何的处理就直接排放到土壤河流中。因此,在其财富迅速累积的过程中,大量有毒有害的物质也源源不断地释放到人们日常生活的环境中,造成了极大的安全隐患。

近年来,在国务院发布的《废弃电器电子产品回收处理管理条例》以及配套政策的驱动下,我国规范化的废旧电子产品再制造处理行业也得到了稳定的发展,多渠道绿色化的回收体系也在逐步实现和完善中,不管是管理制度的出台,还是资源回收利用、节能减排、污染预防、环境可持续发展等方面都取得了明显的进步。根据2017年中国废旧电器电子产品行业白皮书的调查显示,生产企业对回收的废旧电子产品进行绿色再制造有利于推进废旧电子产品的绿色回收,能够促进电子产品全生命周期绿色供应链的实现。

1.2.3 废旧电子产品回收相关利益方的研究现状

环境污染日益严重和资源数量急剧减少是社会和政府进一步发展经济所亟待解决的关键问题。废旧电子产品回收再利用是降低环境污染和实现资源循环利用的重要途径,废旧电子产品回收再利用过程需要众多的利益相关群体共同参与,这些群体的行为一起作用于产品的回收再利用,共同影响了废旧电子产品的利用效率和效益。废旧电子产品回收再利用系统的相关利益群体的行为研究是构建废旧电子产品回收模式的基础,通过对不同利益群体的行为方式研究可以分析影响废旧电子产品回收效益的关键环节和要素,从而为政府和企业在产品回收利用过程中的策略制定提供理论依据。

1.2.3.1 消费者的环保意识和回收行为研究

在废旧电子产品回收再利用的研究中,消费者同时兼具废旧电子产品持有者和再制造产品消费者两种身份,这两种身份决定了再制造生产的材料来源和产品去向。消费者作为废旧电子产品回收再利用的重要参与方,影响了废旧电子产品再利用的回收环节和再销售环节,因此对消费者的环保意识和再回收行为研究是提高废旧电子产品回收效益和效率的重要手段与措施。

Jenni Ylä-Mella 等(2015)对芬兰的消费者进行调查,发现消费者对废弃物回收系统重要性和必要性的认识很高,但是意识没有转化为回收行为,当前废弃物管理系统的便利性不足导致了 WEEE 回收困难[6]。李宝库等(2019)以自我构建为视角,将信息处理流畅性作为中介工具,从得意和损失两个框架对消费者是否有意向将闲置物品回收进行了研究[7]。陈六新等(2018)在随机需求情况下,分析了集中和分散决策下闭环供应链中消费者环保意识对博弈参与方的作用机制,发现在集中决策的情况下,消费者环保意识对整体的回收量是有利的,并且在某些特定情况下只对制造商有利[8]。Hiram Ting 等(2019)根据消费者的行为采用问卷调查的形式研究智能手机处置的原因和方式,发现有用性、产品附件以及兼容性对消费者保留智能手机的决定有积极影响,品牌和价格对处置决策没有显著影响,表明智能手机的功能在处置决策中更重要[9]。

以上是传统回收方式中消费者行为在回收过程中产生了什么作用,对传统回收商的决策提供了许多理论建议,但是随着互联网技术的发展,线上回收以其可获得性、便利性以及范围广的特点被人们所接受,因此学者们开始从消费者本身的特点以及互联网技术应用方面关注消费者对于线上回收意愿的研究,比如消费者对互联网技术的偏好以及互联网的便利性和技术可得性等方面。

魏洁(2016)提出线上回收的方式能够有效地解决 WEEE 回收难的问题[10]。Bo Wang 等(2019)以中国居民为研究对象,对传统回收与线上回收方式进行比较,发现线上回收的便利性是吸引居民参与线上回收最有力的因素,而且还发现收入较低的居民更有可能通过线上回收来获得更高的回报[11]。许民利等(2019)基于不同偏好的消费者群体,探究了网络消费者的比例对回收决策的作用,研究了竞争和合作回收下各参与方的利益,提出合作回收是最有利的方式[12]。王昶等(2017)根据互联网的特点,采用技术接受模型(TAM)、TPB 和收益—风险模型(BRA)相结合的方式研究了影响消费者参与"互联网+回收"意愿的因素,表明主观规范的作用最大,感知风险的作用不显著[13]。许民利等(2020)关注消费者环保意识,加入网络回收渠道,分情形讨论了消费者群体差异化对于各参与方的决策影响[14]。

正是因为消费者偏好之间有所不同,所以对供应链中不同参与方的策略产生不同的影响,因此学者们针对消费者偏好之间的差异对供应链中参与方决策的作用机理进行分析和研究,帮助实现自身利益最大化。

Domen Malc 等(2016)研究了消费者对价格公平感知的应对策略,研究证实价格公平不仅影响购买意图,还为卖方带来不好的影响,不同收入水平的消费者之间的作用效果有所差别[15]。罗新星等(2018)将风险偏好这一因素作为研究的重点,讨论其对供应链中参与方相关策略的影响,发现消费者的风险偏好程度增加则供应链参与方的利润就会降低,而且不管消费者的风险系数如何变化集中决策始终优于分散决策[16]。Wen Song 等(2020)表明当第三方加入零售商平台时,消费者的溢出效应和初始意识水平共同决定零售商的开放性决定和均衡销售伙伴关系[17]。消费者搭便车行为也是双渠道中影响比较重要的一个因素,赵礼强等(2019)分析了搭便车行为对双渠道中各主导方利润以及决策的影响,因此提出了产品差异化能够减少搭便车消费者的数量,但是对网络零售商产生负向的影响[18]。Zhang Xiang 等(2018)研究了政府政策和消费者偏好对产品设计公司利润和社会责任的影响,提出消费者通过购买行为影响产品设计,而购买行为又受产品相关因素的影响,公司会响应这些影响因素,设计出尽可能高利润的产品,满足社会责任[19]。Gekevan Dijk 等(2007)研究了消费者在多渠道环境中使用电子服务的行为,表明参与者经常并行使用多个渠道并频繁地在渠道之间切换[20]。Alok Gupta 等(2004)研究根据购物渠道特征和消费者风险概况捕捉消费者购物渠道选择,发现规避风险的消费者往往比风险中立的消费者更忠诚,与风险厌恶的消费者相比,风险中性的消费者并不总是倾向于选择电子渠道[21]。Ruxian Wang 等(2021)提出产品价格、质量和辅助服务是消费者在做出购买决策时要考虑的最重要的因素[22]。

在整个废旧产品回收再利用过程中,随着消费者环保意识的增加,有利于促进制造商生产出更多更高质量水平的绿色环保产品,尽管此时不是制造商获得最多的利润策略,然而政府的补贴政策则弥补了这种由于消费者意识改变带来的制造商利润变化[23]。研究发现消费者具有长时间持有废旧产品的倾向,这与消费者的回收行为特性与其生活方式有关,除此之外产品的技术进化、产品的设计特征、产品的市场价值和对环境的刺激等也是影响消费者回收行为的要素[24]。而当市场上存在传统产品和环保产品两类产品时,随着消费者环保意识的增加对于销售商和制造商的利润都有提高,环境差异质量成为影响两类产品需求的影响因素,但制造商的生产能力或者规模不会成为影响这两类产品需求的限制因素[25]。同时,再制造产品的需求决定了废旧产品再制造和再利用企业制定环保策略制定,因此再制造产品潜在的消费群体回收行为研究至关重要,再制造产品需求的潜在群体对于制造商的产品策略制定十分关键,因此再制造商的策略更多地受到了潜在的再制造产品消费群体的影响[26]。在废旧产品回收过程中随着消费者的回收意识和环保意识的提高,制造商在进行产品回收时采取的所有回收渠道效益和整个回收系统的效率和效益都会得到一定程度的提升,这对制造商的产品回收利用行为具有激励作用,提高了企业的效益[27]。

综上所述,消费者在废旧产品回收中扮演着重要的角色,消费者的回收行为和环保意识影响了废旧产品回收的效益和效率。众多的研究结果表明随着消费者环保意识的提高,制造商的回收效率得到了一定程度的提高,而消费者对环保产品的购买或者对再制造产品选择进一步提高了企业的效益,尽管某些情况下并不能实现制造商的效益最大化,但政府的补贴政策和补偿措施却可以针对性地弥补这部分损失。

1.2.3.2 政府的废旧电子产品回收责任研究

目前国内外针对产品回收策略制定的研究主要集中于废旧产品回收的成本和回收数量策略制定方面,国家相关政策的制定对于再制造企业而言具有指导意义,根据政府的政策法规制定合理的回收策略是再制造企业产品回收的主要工作。因此再制造企业的回收决策的制定,要充分考虑国家政府的相关法律政策,从而尽可能地降低产品回收成本,实现减少资源浪费的同时提高企业总体效益。

在废旧产品回收循环利用系统里,政府政策对可持续产业集群的发展产生了重大影响,但在更多的时候政府政策的长久性作用成为容易被忽略的一环,通过将政府政策中的实践意义进行分析,讨论在长久的循环经济变化过程中的政府政策变化十分必要[28]。中国现有的废旧家电回收呈现高技术成本投入和低效果的不均衡状况,通过实施一系列企业责任延伸的政策法规来提高企业的自筹资金补贴方案,可以提高废旧产品回收的环境,但此时的制造商和回收商的利润会有所降低,但并不一定降低消费者剩余[29]。政府补贴是决定回收处理企业是否持续进行废旧产品回收利用的关键因素,而政府补贴的效果具有一定的临界值,回收处理企业能够获得一定的额外效益且能够实现自我盈利,而一旦政府停止回收补贴企业将不再主动投入资金来维持回收利用[30]。当将有政府监管和财政补贴的正规回收渠道与无政府监管和补贴的非正规渠道进行比较时,发现这两种渠道的回收都青睐于高质量的废旧产品,同时发现在回收高质量的废旧产品时政府的边际效益较低,因此政府的补贴策略需要考虑回收产品的质量竞争[31]。

综上所述,政府政策对于企业的废旧产品回收利用具有指导性作用,政府通过对废旧产品回收和再制造企业进行一定的政策鼓励和经济补贴,有利于提高回收企业的效益和废旧产品的回收效率,然而现有的政府政策或补贴仍具有一定的局限性和非连续性,需要进一步的规范化和合理化。

1.2.3.3 企业的环保意识现状和企业社会责任研究

企业社会责任是企业在进行市场经济活动实现利润之外的对社会和环境

的责任。制造企业和回收企业作为废旧产品回收再利用循环体系中的重要的参与方,在产品回收和再制造过程中的社会责任研究是提高企业效益的重要手段,也是提高优化绿色供应链管理和提升产品回收再利用效益的主要措施之一。

基于已有的企业社会责任和供应链管理研究内容,以近 300 家中国制造商的实际数据为基础构建了包含内外部绿色供应链管理和企业社会责任的三级结构,较为真实地反映了可持续供应链管理的具体实践管理,进一步说明了企业社会责任研究对于供应链管理十分重要[32]。基于企业社会责任理论以及企业在不同行业经营的经验研究理论,对企业社会责任下的中国三大天然气运营商的企业社会责任目标,采用深入的案例研究和数据进行分析,得出政府和其他非营利组织对企业社会责任具有一定的作用,政府可以通过构建法律框架和相关政策来指导企业履行社会责任[33]。企业的社会责任履行程度对企业的生产运营管理和可持续发展具有一定程度的影响,产品供应商作为市场上主要的产品提供者,其社会责任的履行与众多的内外部效应有关,研究表明供应商的企业社会责任对环境和企业绩效之间的压力具有调节作用,但这种作用在财务上没有表现[34]。废旧产品回收模式的选择与企业社会责任和政府政策奖励具有一定的关系,在不同的情形下制造企业的回收渠道选择不同,选择不同的回收模式主要取决于企业的社会责任意识的高低,而政府政策奖励则弥补由于选择不同的回收模式产生的损失[35]。企业社会责任的体现与企业的管理者行为有极其紧密的联系,管理者环境保护意识和履行社会责任的态度与企业的社会责任履行程度具有正相关的关系,管理者的高环境保护意识对于提高企业的社会责任实现具有推动作用,同时有利于实现企业转化由于履行社会责任而带来的可持续发展的效益[36]。

综上所述,企业社会责任在不同的产业和行业都有所体现,企业社会责任的履行程度影响了绿色供应链管理的效益,在废旧产品回收中的回收商和再制造商的社会责任履行对提高产品回收效益具有极其重要的意义,而企业社会责任的实现受到企业内外部众多因素的影响,增强企业的社会环保意识和责任意识是提高废旧产品回收和循环利用的关键工作。

1.2.4　闭环供应链管理的研究现状

废旧产品回收再利用过程的管理也就是逆向供应链的管理,随着社会群体环境保护意识的提高,对产品生产过程和产品质量提出了新的要求和需求,企业的逆向供应链管理也需要进一步得到改善和优化。已有的逆向供应链管理研究主要集中在逆向供应链优化研究、产品回收模式和渠道选择研究以及产品分类处理研究等,这些研究内容和理论都为废旧产品回收再利用循环过程的优化提供了依据。

1.2.4.1　闭环供应链管理优化研究现状

废旧产品回收再利用过程的管理是供应链管理的重要一环,也即逆向供应链管理,因此关于废旧产品回收再利用的研究和供应链管理的研究是密不可分的。供应链管理的相关研究理论适用于逆向供应链管理的研究,但逆向供应链管理的研究又与正向供应链管理不完全相同,这就使得逆向供应链管理与传统正向供应链管理的研究各具特色又相互补充。

废旧产品回收再利用的循环过程中物流的回收信息管理是优化逆向供应链管理研究的重点,通过对周期不确定库存的正向流动和逆向流动两种状态下最优决策求解,得出具有长远效应的控制管理较短期的控制管理更优,且长远的控制策略有利于降低对预期成本利用率的影响[37]。废旧产品回收再利用过程中产品库存增加了制造商的成本投入,同时由于产品的生命周期短而容易导致产品库存价值下降,使得逆向供应链管理中的产品逆向物流库存研究成为优化供应链管理的重要途径和手段[38]。在对供应链的管理研究过程中,产品回收作为众多行业保护环境和提升企业效益的可行选择,投资不足和供应链的效率低下阻碍了废旧产品再循环和再利用的进程,因此降低回收和再利用循环的时间间隔是制造商和分销商面临的主要挑战[39]。库存问题和路径优化问题存在于逆向供应链管理的各个相关利益方之间,然而由于不同的利益方之间的关系和在逆向供应链中所处的地位不同,因此在不同的环节不同利益方的库存优化关注的焦点不同,基于已有的对不同利益方的库存策略研究基础,构建了以供应商库存为协作模型的逆向供应链优化模型,显著地降低了成本和求解问题的次数[40]。废旧产品回收在时间、地点和数量上有很大的不确定性,而质量差异更是成为影响废旧产品回收的关键要素,因此构建废旧产品回收物流外包服务是提高废旧产品回收的有效手段,这有利于逆向供应链管理中的物流优化,提升逆向供应链的产品回收效率和再制造的生产效益[41]。

综上所述,逆向供应链管理研究的理论知识已经较为成熟,而对于逆向供应链的优化研究多集中于废旧产品回收过程中的物流网络和信息研究,无论是对单独的参与方的回收库存研究,还是对整个回收过程的物流网络研究,都对于提高逆向供应链管理的效率具有极大的意义。

1.2.4.2 激励策略下的废旧产品回收策略研究

已有的国内外废旧产品回收策略研究主要集中于废旧产品回收数量和回收价格的研究上,这主要体现在对企业的回收方式和回收渠道选择上。在废旧产品回收企业的回收策略制定过程中,政府政策和补贴成为激励企业进行产品回收的重要措施,而回收渠道的选择依靠制造企业的激励措施。

基于回收的废旧电子产品需要经过拆卸成零部件进行再制造的特点,以废旧家电产品为例构建了一个包含制造商、零售商、第三方回收中心和消费者的闭环供应链模型,通过运用博弈理论和最优化决策理论来求解企业运营管理的决策,得出了在不同的回收方式下的价格策略制定取决于消费者对价格的敏感程度,其不同回收方式下的利润方式也是不同的[42]。废旧产品回收效率和效益与制定的废旧产品回收价格有关,随着回收价格的变动,采用制造商单独回收和委托零售商进行回收所产生的效益不同,当回收价格大于某个值时制造商采用直接回收的方式效益最大,而小于该临界值时采用间接回收更有益,但对零售商的回收却是相反的决策结果[43]。废旧产品回收再利用同时具有降低产品成本和提高企业销售额的作用,制造商可以采用和零售商进行单一产品交易的合作形式进行废旧产品回收,零售商可以采取直接回收产品和以旧换新的方式进行产品回收,发现不同的回收模式下的博弈均衡结果取决于对消费者的激励策略[44]。回收方式的多样化是提高废旧产品回收效率的重要手段,随着电子信息技术的发展废旧产品的线上回收也逐渐成为产品回收的重要方式,通过比较单一的传统回收渠道、单一的线上回收渠道和混合的双渠道下的企业效益,得出消费者的偏好影响了回收渠道的效益,但采用双渠道的回收方式优于单独的回收渠道[45]。回收企业提升自身利益的主要办法是提高废旧产品的回收效率和效益,通过制定不同的回收价格和回收策略可以改善废旧产品回收的数量,通过与消费者之间构建不同的补偿合同的方式,可以提高废旧产品的回收效率,但在保证逆向企业供应链利润不低于企业合同利润的情况下,采取补贴合同的方式是最优的[46]。废旧产品回收过程中决策者的参与行为对废旧产品回收效率产生影响,通过讨论产品回收过程中的收益分配关系,可以优化企业和政府的产品回收决策[47]。

综上所述,废旧产品回收策略的制定受到了众多因素的影响,产品回收价格和消费者的回收意愿成为影响制造商回收效率的主要因素,当这两个条件都满足时,制造商采取什么样的回收渠道成为提升效益需要解决的问题,而大多数的研究结果表明采用多种方式混合回收有利于回收效益的提升,但在回收价格较高时应采取制造商单独回收的方式来保证效益。

1.2.4.3　再制造生产过程优化研究

废旧产品循环利用价值的实现是通过再次进入销售市场被消费者购买完成的,而回收的废旧产品除了部分能够用于直接销售外,大部分的废旧产品都需要进行再制造才能用于销售。再制造可以分为拆卸后再制造和简单维修两种不同的处理方式,该过程是影响制造企业成本投入的主要环节。

再制造过程的规划对制造企业而言十分重要,再制造过程规划的优劣直接影响了再制造成本、能耗和质量,废旧产品的再制造较直接采用原材料生产具有更复杂的技术和过程,因此进行再制造过程的规划对于优化再制造过程的工艺流程,对于降低再制造过程的故障和成本十分必要[48]。再制造企业在制造过程中保留了成本和利润的市场竞争优势,由于退货产品具有不确定性,导致再制造企业的制造过程存在更多的不确定性,通过构建考虑成本和利润的多目标规划优化模型,模拟再制造产品回收处理过程,其结果可以作为再制造产品订货比例的参考[49]。通过构建从废旧产品回收开始的再制造过程优化模型,可以降低再制造过程的风险,在产品回收之前构造产品的优先级并指定回收商回收不同级别的产品,并通过构建多目标的线性规划问题,可以减少再制造过程中的成本浪费并同时实现闭环供应链的利润最大化[50]。由于回收的不同废旧产品之间的质量程度不同,就导致其所要进入的再制造过程不同,根据废旧产品之间的不同质量情况划分质量级别,使存在质量差异的产品采用不同的再制造处理过程,降低了再制造过程的成本的同时优化了再制造过程的管理[51]。再制造过程的物流处理比初级制造的物流过程复杂得多,再制造过程中的资源调配问题成为再制造过程需要解决的问题之一,回收的废旧产品经拆卸后物料分散不集中,不利于再制造过程的进一步进行,构建可持续的废旧产品再制造建模框架是制造企业亟待解决的关键问题[52]。

综上所述,再制造过程作为逆向供应链实现废旧产品价值的环节,在进行再制造过程之前首先要对产品进行分类处理,以采取不同的工艺过程,从而降低再制造过程的成本。因此,再制造过程的优化既是实现再制造企业效益的重要环节,又是实现闭环供应链优化的重要手段。

1.2.4.4 再制造产品销售策略研究

从废旧产品回收到再制造产品生产出来便结束了逆向供应链的全部过程,但对于制造商和回收商来说,只有将再制造产品销售给消费者才能实现其最终利润要求,因此再制造产品销售环节的研究对于闭环供应链管理具有必要性。与传统生产方式生产的产品不同,再制造产品因其原材料来源和产品的特殊性,而需要制定相应的措施以提高产品的市场竞争性。

随着废旧电子产品回收再利用制造的出现,再制造产品销售渠道的研究也成为企业关注的焦点,基于博弈论可以得知全新制造产品和再制造产品在不同销售渠道下的产量和价格,制造商依赖将两种不同类型产品同时在不同的零售商来销售,巩固和优化自身在市场上的地位并获得比较满意的利润[53]。尽管制造过程工艺和技术的不同导致再制造产品与全新产品产生差异,然而其品质上与新产品的差异较小,同时随着电子渠道产品销售和制造商直接销售的非正规渠道的出现,再制造产品的销售不会受到新产品的约束且不会影响新产品的销售,企业决策应考虑的是如何提高不同渠道的销售利润[54]。再制造产品与传统废旧产品之间的品质差异导致消费者在进行产品购买时产生了不同的倾向,考虑消费者对产品的偏好差异对制定再制造产品销售策略具有极大的帮助,消费者偏好与再制新产品的定价呈现出一定的反比关系,当消费者的偏好不明显时可制定较高的销售价格[55]。与提高回收端的废旧产品回收一样,提高再制造新产品的销售也十分必要,原始产品制造厂商和再制造产品制造厂商的市场竞争在销售环节主要体现在产品销售价格上,再制造聚焦于回收市场或者销售市场的规模经济竞争力时,有利于提高其对回收市场的规模经济关注同时提高了新产品的销售[56]。

1.2.4.5 废旧电子产品回收渠道划分与协调研究

WEEE 回收是我国目前回收行业关注的重点问题,WEEE 是所谓的"城市矿山",这部分可回收资源如果好好利用起来,则会对我国资源可持续利用具有重要意义,WEEE 回收最主要的是 WEEE 回收渠道的建立以及回收策略的制定,这两者决定了我国 WEEE 回收行业的基础和未来的发展,因此本部分将围绕 WEEE 回收渠道以及回收方法两部分进行文献总结。

WEEE 回收渠道在不同的角度有不同的划分结果,以回收主体为划分标准,可以分为制造商、回收商、处理商主导和第三方独立回收四种,倪明等(2013)建立了以零售商主导和处理商主导的两种回收渠道,研究两种情形下的集中决策模型,讨论了渠道选择策略[57]。黄宗盛等(2013)在动态环境下对由制造商、零售商主导的两种闭环供应链进行对比分析,发现由制造商主导的回收渠道是最有利的选择[58]。卢荣花等(2016)在研究中考虑了 WEEE 寿命短和价格依赖随机需求两个特点,发现零售商之间的竞争与制造商的选择无关[59]。

从回收定价和处理方式方面可以将回收渠道划分为正规回收和非正规回收两种渠道,Xin Tong 等(2017)以中国为例,量化了非正规回收渠道在国家层面对 WEEE 运输的贡献,发现由于非正式收集网络内的复杂市场交易存在重大的省际流动,揭示了市场机制与公众之间的深层冲突[60]。Xinwen Chi 等(2011)提出 WEEE 的非正规回收主要存在于许多发展中国家,非正规 WEEE 回收不仅与严重的环境和健康影响有关,而且与正规回收者的供应不足和再制造电子产品的安全问题有关[61]。曹柬等(2019)将再制造成本考虑在内,分别研究了三种不同主导方主导回收渠道的回收量、新产品和再制造产品的产量,然后从三个不同的角度考虑了最佳的回收渠道,包括企业收益、消费者剩余和回收率[62]。

从回收方式出发,WEEE 回收分为线上回收和线下回收两种,Huaidong Wang 等(2018)展示了四种典型的互联网回收模式,基于问题和案例分析讨论了可持续"互联网+回收"的含义[63]。Fu Gu 等(2017)指出"互联网+"和大数据具有解决 WEEE 管理问题解决方案的潜力,提出并探讨了实施"互联网＋"和大数据技术的框架,为利益相关者提供了在"互联网＋"和大数据背景下解决 WEEE 回收问题的见解和愿景[64]。

目前国内外针对 WEEE 回收方法制定的研究,主要集中于电子废弃物回收成本和回收数量的最优决策方面。国家相关政策对于 WEEE 回收企业具有指导意义,根据政府的政策法规,制定合理的回收策略是回收商和处理商的主要工作,因此回收商回收决策的制定,要充分考虑国家政策的相关法律政策,从而尽可能地降低产品回收成本,实现减少资源浪费的同时提高企业总体效益。

Gabriel Ionut Zlamparet 等(2017)比较了发展中国家与发达国家 WEEE 产品再制造概念的不同,对电子制造业可以采取的再制造概念进行评价,提出再制造的不同思想和方法,从而指导工业电子产品再制造[65]。Zhi Liu 等(2017)考虑了 WEEE 基金政策,将具有回收资格的制造商将再制造和回收相结合,以处理 WEEE 并销售再制造产品,并基于生命周期分析的方法研究产品对环境的影响,描述了 WEEE 回收基金政策对环境影响的条件[66]。余福茂等(2014)考虑了政府激励的作用,比较分析了在具有回收补贴激励情形中的四种模式下 WEEE 回收的帕累托最优,提出没有绝对的占优回收模式,建议从各方面完善对回收主体的激励机制[67]。Kim Winternitz 等(2019)比较了意大利和荷兰的 EPR 系统,研究了他们共同的成功因素和缺点,案例表明 EPR 系统无法以最环保的方式进行废物处理[68]。钟永光等(2010)运用系统动力学的方法分析了政府对回收小商贩非法拆解的作用[69]。王文宾等(2013)将奖惩机制作为一个中间因素,分析了制造商竞争对 WEEE 回收的相关决策作用,结果显示在制造商竞争的情形下,奖惩机制有利于引导回收率的提高[70]。张涛等(2016)分析了公平偏好等对参与方的决策作用,分别探讨了企业自主和政府参与两种情况下的最佳决策[71]。Maheshwar Dwivedy 等(2015)评估了印度 EPR 回收政策的适用性,使用经济模型来确定不同 EPR 回收计划的盈利能力,他们提出从消费者和生产者的角度来看,个人回收计划优于集体回收计划[72]。Lingling Guo 等(2018)提出了一个两级逆向供应链,并引入回收宣传来处理差异化博弈模型,结果表明,当处理商承担宣传费用时,可以通过提高宣传力度来提高回收量,而不是提高回收价格,但是当回收商承担时,有所不同的是可以通过提高单位回收价格来提高回收量[73]。杨玉香等(2016)提出 WEEE 许可证管理制度是激励制造商积极回收 WEEE 的有效措施,分别针对网络成员遵守和不遵守的情形建立博弈模型,得出相关结论并通过算例分析了两种博弈结果[74]。谢天帅等(2017)考虑到中国实际情况,运用博弈论讨论了 WEEE 押金返还策略的模型及效应,发现押金返还金额与非正规回收数量与社会福利有直接的关系[75]。

协调是供应链管理中的关键问题,特别是在多渠道并存的情形中,供应链协调能够实现渠道之间的平稳运行和行业的健康发展,因此本部分将围绕着供应链协调进行文献梳理。

Indranil Biswas 等(2019)证明了期权合同可以协调单个供应商—多个买方的供应链网络,并且可以消除由于存在价格和库存竞争而产生的渠道冲突,消费者的博弈存在一个纯策略的纳什均衡能够使得供应商协调整个供应链[76]。Yunzhi Liu 等(2019)调查了具有社会责任的双向供应链的定价和环境治理效率以及渠道协调,设计了一种协调机制,发现如果主题公园在协调渠道时更加关心环境,则有可能实现双赢[77]。全林等(2015)以季节性商品为例,为实现供应链系统的利润最大化,在市场需求随机情况下分析了回购和收益共享策略的有效性以及各企业的最优策略选择[78]。Ju Myung Song 等(2020)发现风险共担伙伴关系可能通过各种机制鼓励故意拖延和成本超支,信息不对称可能在确定性和随机性持续时间上都优于项目度量标准上的信息对称性,具体取决于网络结构、成本参数和合作伙伴的信念[79]。黄大荣等(2016)针对系统收益以及服务水平差异的情况,建立改进的收入共享和成本分摊机制并验证了有效性[80]。Phattarasaya Tantiwattanakul 等(2019)研究了两级分散式供应链下零售商面临时变的需求,开发了一个非线性双层规划模型来协调供应链,制造商使用从模型中得出最优的多时期批发价格作为改变零售商决策的诱因,从而改善供应链绩效,数值实验表明,模型确定的批发价格在所有情况下都可以引起协调决策[81]。Benyong Hu 等(2018)讨论了在单供应商单零售商的供应链环境下零售商在利润率约束条件下的最优决策,还揭示了零售商追求期望的利润率行为可以减轻批发价格合同带来的渠道利润损失,为了提高渠道利润,在零售商的利润率约束下引入了收益共享合同,得出最佳批发价格和最优收益分配系数,实现了供应链协调[82]。KenanArifoglu 等(2021)研究了流感疫苗供应链效率低下的原因,并制定了一项双向激励计划,借助博弈论的方式平衡了个人与制造商之间的相互作用[83]。

供应链协调在多渠道回收中的应用是非常重要的,特别是在我国这种复杂并且存在多种渠道的情形中,学者们从契约设计、演化博弈以及机制设计等方面对逆向供应链和闭环供应链中的多渠道问题进行协调研究。

许民利等(2018)针对"互联网+回收"情境下讨论了网络回收商正规回收渠道和非正规回收渠道流动回收小贩在回收中的竞争与合作关系,并通过演化博弈讨论了其他因素的变动对双方稳定策略的作用方向[84]。谢家平等(2017)考虑到逆向供应链的回收收益分配问题,提出了无消费者偏好的市场下闭环供应链的收益共享机制,分析了从销售—回收再制造—再销售的过程,分析了不同批发价的情况下利益分配比例对各参与方的策略影响[85]。Shibaji Panda 等(2017)分析了企业社会责任的影响,发现当企业以非营利为目标时获得的收益最大[86]。Lipan Feng 等(2017)对单个传统回收渠道、单个线上回收渠道以及混合渠道三种模式进行研究,发现从可回收零售商和系统的角度来看双渠道回收始终优于单渠道,而且具有转让价格和线上回收价格的合同可以协调双渠道回收,但会损害零售商,然后提出了关税和利润共享合同来协调逆向供应链[87]。朱晓东等(2017)对双渠道回收中的成本差异为切入点,分析了回收参与方的相互博弈关系,借助收益共享契约达成了协调的目的[88]。电子商务中的退货服务也是逆向供应链中的一部分,Jafar Heydari 等(2017)研究了在供应商提供给定的供应合同的情况下,零售商对退款保证服务的订单数量和市场覆盖范围做出相关的决策,进行有效的供应链管理[89]。

综上所述,尽管再制造产品与新产品之间存在一定的差异,但当市场上的产品需求出现时,再制造产品的销售不会受到新产品的影响。制造企业在进行产品销售策略的制定时,既要考虑全新产品的销售又要考虑再制造产品的销售,尽可能地采取多渠道的销售措施,并提高消费者对再制造产品的消费偏好,从而维持逆向供应链的可持续性。

1.2.5 废旧产品回收系统中的成本现状

回收企业和制造企业在废旧产品回收再利用循环中以实现利润为主要的

目标,废旧产品回收再制造过程中的成本管理研究对于降低逆向供应链的成本投入和提高回收制造企业的利润十分必要。以废旧产品作为原材料进行的再制造过程与传统的生产过程不同,需要对产品进行拆卸、分类、整合等过程,增加了再制造过程的成本,对成本的分析可以优化再制造的生产过程。

废旧产品回收再制造循环利用体系包含多个环节,因此成本管理成为闭环供应链管理的重要内容之一。闭环供应链不但包含制造成本、运输成本、仓储成本、管理成本等内容,还包含因回收废旧产品而付出的回收成本、未进行再制造而付出的拆卸、归类成本和鼓励消费者购买再制造产品的成本等内容,相比于正向供应链而言其成本结构更加复杂。

制造企业在进行再制造产品销售时通过采取委托零售商的方式来提高再制造产品销售,零售商为避免产品销售的风险会向制造商提出控制风险的成本,如何制定成本分担比例是制造商激励销售商销售努力程度的关键,通过制定合适的成本分担比例可以提高再制造产品销售效益[90]。广告作为废旧产品再利用循环中引导消费者行为的重要措施,其成本投入对于制造企业的产品回收和销售具有极强的推动作用,制造企业在进行产品回收时需要与回收商之间构建一定的成本共担契约,以促进在不确定环境下产品回收效率的同时提高制造企业与零售商的利益回报[91]。基于互联网背景下的制造商废旧产品回收渠道可采取线上和线下两种回收渠道,尽管两种渠道的回收成本机构基本相同,但是线上回收的运营成本增加了采取线上回收的零售商的负担,研究结果表明制造商作为最终的废旧产品利用者,其成本回收过程中的运营成本有利于提升回收效率[92]。现金流是维持制造企业生产运营的关键,供应链管理中现金流的风险管理成为制造企业的管理要点,成本结构和成本比率的不同使企业的现金流管理具有不同的影响,通过改变制造企业成本结构—成本率可以调节现金流的风险[93]。在废旧产品回收过程中,制造商通过制定不同的回收成本结构来激励零售商的废旧产品行为,同时通过制定不同的回收成本结构实现制造企业的利润收入,当制造企业的成本构成与采取环保项目下的成本结构一致时,回收渠道的选择不受零售商影响,同时有利于实现企业利益和环境保护等[94]。

综上所述,废旧产品再制造利用循环系统中的成本结构影响了废旧产品的回收效率和再制造产品销售效率,制造企业在进行产品回收和再制造产品的销售时,要构建适当的成本共担的策略,以降低再制造生产的负担,同时提高回收企业和零售企业的效益及整个再制造产品闭环供应链的效益。

1.2.6　奖惩机制和消费者环保意识研究现状

在经济管理领域中对影响产品回收生产因素的研究主要涉及奖惩机制和消费者环保意识两方面。在奖惩机制相关的研究中,刘慧慧等[95]基于正规与非正规渠道之间的竞争博弈,探讨基金补贴和市场合作机制对回收竞争的影响以及促进回收产业发展的作用。石纯来等[96]研究了规模经济下政府奖惩机制是如何影响闭环供应链中制造商合作策略的选择。朱庆华等[97]建立了正规回收拆解企业和非正规回收拆解企业的价格竞争博弈模型,探究政府补贴和政府规范对报废汽车回收市场的影响。陈婉婷等[98]探讨了不同政府目标决策下奖惩机制对绿色供应链绩效及全社会福利的影响。余福茂等[99]在考虑政府引导激励的前提下研究了现行四种回收处理模式的决策模型及最优参数。王文宾等[100]通过无政府介入、奖惩机制以及税收—补贴机制三种情形下逆向供应链的决策结果的比较,证明了奖惩机制更加有效。王喜刚等[101]检验了分散管理系统中回收逆向供应链的回收价格和补贴的激励效应,并进行了社会福利模型和资金平衡模型的比较。Wang 等[102]通过无约束、绿色生产、传统生产、奖罚结合四种不同场景下的产品市场总需求量以及废旧产品回收数量和回收率的比较进行了结果分析。Zhao 等[103]分析了生产者实施 EPR 制度的奖惩机制的有效性,通过建立生产者主导的逆向闭环供应链分析了不同奖惩机制下生产者的渠道选择。Tang 等[104]在单回收渠道模式和竞争性双回收渠道模式的基础上,以社会总福利为指标研究最优回收模式的选择。

也有不少学者进行了消费者环保意识对企业回收制造活动的研究,Liu[105]等研究了消费者环境意识下不同厂家生产的部分替代产品之间的生产竞争和零售店之间的竞争对主要供应链参与者的影响。Conrad[106]等使用空间双寡头模型研究了消费者环保意识如何影响竞争企业的产品价格、特性以及市场份额的问题。Arain 等[107]对美国中西部一所大学废旧电子产品回收的调查结果表明了消费者行为对于管理和减少废旧产品至关重要。熊中楷[108]等在闭环供应链中考虑消费者环保意识因素,探讨了制造商的最优回收模型以及消费者环保意识对最优解的影响。许庆春等[109]引入消费者环保意识,考虑了回收产品质量的不确定性,来研究闭环物流网络中的最佳回收率等问题。房巧红等[110]通过建立具有环保意识的再制造逆向物流决策模型,研究了公众环保意识对再制造决策的影响效应。刘阳等[111]构建了各类企业成员利润最大化与碳排放最小化双重决策目标下的优化问题,并进行了比较静态分析。许民利等[112]通过考虑消费者环保意识的废旧电子产品双渠道回收模型的研究,比较了两条渠道在竞争情形与合作情形下的决策。徐乔梅等[113]等引入具有可度量特性的消费者环保阈值变量,并将其置于企业供应链管理的研究和分析。陈六新等[114]基于消费者环保意识和市场需求不确定的二维变量下,建构了由制造商和零售商共同组成的闭环供应链最优决策模型。

消费者行为对废旧产品的回收率及回收企业的收益均有重要影响,因此许多学者都对消费者行为进行了研究。目前对消费者行为影响的研究主要集中在影响因素上,大多采用实证研究或在计划行为理论(Theory of Planned Behavior,TPB)框架下展开。Jianfeng Yin 等(2014)调查分析了中国旧手机回收的消费者行为,发现影响消费者支付意愿(willingness to pay,WTP)的主要因素是地区、文化程度和月收入[115]。刘永清等(2015)研究发现影响消费者参与旧家电回收的最主要因素是经济动机,其中回收价格起到关键作用[116]。陈红喜等(2016)发现消费者剩余、信息、收入都会显著促进消费者参与家电回收[117]。张永芬等(2019)发现收入效应和情感依恋会对不同收入人群的手机回收意愿产生不同的影响[118]。Florence De Ferran 等(2020)发现消费者个人的过往经历、特定态度和动机是促使人们处理旧物而不是丢弃的主要因素,其中再销售行为主要源于市场交易动机[119]。

徐航认为,一方面生态补偿和激励制度是加速废弃电子产品回收处理行业走向成熟的方式,但却不是引导该行业持续发展的方法[120]。从长期来看,废旧电子产品回收还需要居民自发的行为配合。废旧电子产品回收处理的源头在于废旧电子产品回收体系的建立,回收体系的建立需要居民的回收意愿的提升和自发的环境参与行为。目前来看,我国并未形成完善的废旧电子产品回收处理体系和相应的激励制度,因此,居民的废旧电子产品回收意识总体来看是比较薄弱的,但是地区不同也存在较为明显的差异。比如在中国上海,随着垃圾分类政策的实施和相应的奖惩策略的实行,居民的垃圾分类意识已有很大改变。但在其他城市,居民的垃圾分类意识和废旧电子产品回收意识都还有待提高。有学者从生态补偿的角度,基于外部性理论进行研究,指出可以通过生态受益人主动承担废旧电子产品治理成本进而达到均衡的激励机制使居民废旧电子产品回收的意识提升,并从消费者对废旧电子产品的态度方面将其分为活跃型、稳定型、怠惰型,提出可以针对性地采取相关措施[121]。还有国外学者从国家的角度研究回收行为,表明国家层面的环境动员是促进回收的重要因素[122],由此可见国家的动员也要落在居民上才能有效果,从居民来看,其回收的意识是至关重要的。

　　一些学者定量研究了消费者行为对废弃电子产品回收的影响。Feng 等(2017)引入消费者对线上回收渠道的偏好,研究了回收渠道的结构设计问题及传统回收渠道和网络回收渠道共存的逆向供应链协调问题[123]。Chen 等(2018)基于区域差异考虑物流成本和消费者可持续意识,对双渠道逆向供应链定价模型进行了研究[124]。高举红等(2018)研究了市场细分条件下消费者支付意愿差异对闭环供应链定价决策的影响[125]。陈六新等(2018)研究了消费者环保意识在市场需求不确定情况下对双回收渠道闭环供应链中制造商和零售商决策的影响[126]。许民利等(2019)在“互联网＋”环境下研究了网络消费者和普通消费者的比例对再生资源回收策略的影响[127]。

　　目前关于消费者行为对废旧物回收或废旧电子产品回收的研究大多是定性研究,极少数定量研究了消费者环保意识对废旧电子产品回收渠道的影响,本文即是考虑消费者对拆解废旧电子产品过程中排放的污染物的排斥心理,建立了包含传统回收渠道和网络回收渠道的双回收渠道逆向供应链模型,并定量分析了消费者环保意识对处理商的回收定价和渠道选择的影响。

　　以上文献大多只涉及影响企业回收生产因素的一个方面,而没有将两者结合起来,分析其对企业的回收量、回收价格以及利润的影响。而在提高企业回收率的时候,政府完全可以有这两种甚至更多的政策工具可以使用。但是目前尚不清楚这两个因素如何相互影响,以及哪种政策杠杆在不同的市场条件下会更有效。为了调查研究问题,我们开发了一个两阶段博弈论模型,其中一个企业同时具备回收和处理的能力,在集中决策下回收并处理某一行业中的废旧产品。该回收处理企业按照政府的回收政策运作,并且面对具有一定环保意识的产品消费者群体。我们以政府综合效益的视角分析博弈过程并研究不同的问题参数如何影响均衡结果,为企业的回收策略和政府的政策制定提供一定的借鉴意义。

1.2.7 废旧电子产品回收立法研究现状

目前,法律一直没有关于废旧电子产品回收的强制性要求,但在我国已经自发地形成了多渠道的废旧电子产品回收体系[128]。主要的方式有:小贩上门收取、拾荒者回收以及正规回收企业回收,进一步流入二手市场[129]之后较为普遍的处置方式是由一些拆解户进行拆解,进而回收零件和材料等。但是往往由于拆解户的技术水平以及环境的外部性,这种处置方式对于环境是极大的威胁,即使各相关部门一直在进行整治,却也没有新的可替代回收方式出现,以至于整治效果不明显[130]。而且我国目前还没有形成完善的废旧电子产品回收管理体系[131],居民自愿参与回收废旧电子产品的行为较少,意愿较弱,环境意识不足。因此在源头上,很多正规的废旧电子产品处置企业都不能得到足够的回收量,出现了"无米下锅"的情况[132],进而,使得我国废旧电子产品治理的进度十分缓慢。

时青昊研究认为,目前,以电子产品制造企业为主导的废旧电子产品回收有三种回收模式,即企业自行回收、企业联合回收、第三方企业回收[133]。在我国各个省市针对自己的实际情况还分别采取了不同的回收方式,比如,北京市将利用特许经营,向社会企业进行招标,共同开展废旧电子产品回收和处理项目的筹划、建设和运营相关工作,规范这一行为过程;上海也表示希望建立上海废旧电子产品资源化的推广中心,规范废旧电子产品回收的体系[134]。而国外,在日本超过80%的家电类废旧电子产品都通过销售店回收处理,剩余的由地方途径解决;在美国,其国家环保部门从1998年就开始组织关于废旧电子产品的政策法规研究,力图从法律层面鼓励人们自愿开展废旧电子产品的综合利用工作,而且一些州政府和市政当局也拿出部分税收来奖励相关的研究工作或是扶植相关企业,力图找寻一条可以有效回收和处理废旧电子产品的途径[135]。而欧盟委员会也早已颁布了《关于报废电子电器设备指令》(废旧电子产品指令），也就是说欧盟所有成员国及其居民都有回收和处理废旧家用电器和电子产品的义务，这无疑对于居民的环境参与意愿是极大的调动[136]。总而言之，美国主导以政策为依据、号召各相关方积极参与，而欧盟和日本在废旧电子产品回收方面的中心为生产者的延伸责任。因此，国情不同，各个国家的废旧电子产品处置方式也存在很大差异。

近年来虽然国家和社会对于废旧电子产品回收方面的问题越来越重视，但总体上来说，国家对此方面的政策形成和监督机制还不够全面[137]。杨宝灵等人[138]研究表明我国的废旧电子产品回收法律体系尚不完善，缺少对于废旧电子产品产生的相关方和居民等最终电子产品的使用方的约束条款。这也间接导致了居民对于废旧电子产品回收的意愿不够强烈、配合政府和企业相关回收活动的力度不够大。而这一方面，作为废旧电子产品回收的第一阶段，也是废旧电子产品回收体系建立的一个很重要的突破点。

1.3　本书研究内容

本书就废旧电子产品回收各相关方进行了针对性的研究，分别从企业再制造产品需求角度、企业回收定价角度、政府环境治理角度、政府奖惩力度角度、消费者心理距离角度等方面进行各角度的深入探究，开展废旧电子产品系统化回收相关因素的挖掘和作用关系探索与路径联接，进而研究和总结出有效结论和回收的推进策略，促进废旧电子产品回收的有效管理。针对背景的分析和对不同研究重点的界定，本书主要分为以下几个部分：

（1）基于废旧电子产品回收再制造的闭环供应链管理理论，以废旧电子产品的回收再制造为主要研究对象，从废旧电子产品回收再制造企业的角度出发，考虑从产品回收到再制造产品销售的全部过程，构建在需求引导下的废旧电子产品回收模式。

（2）基于废旧电子产品的环境治理概念，将闭环供应链的管理理论和工具应用于废旧电子产品回收再制造的活动中，以废旧电子产品的回收再制造为研究对象，重点研究在政府环境治理以及消费者对于废旧电子产品环保再制造偏好约束下制造商和零售商的最优决策问题，并据此为企业的回收再制造管理和政府相关部门环境治理以及废旧电子产品回收再制造政策的制定提供参考和建议。

（3）此部分研究了在竞争市场中，面对回收交易价格和消费者环保意识的双重压力下，企业的产品回收策略以及政府的产品回收政策。我们开发了两阶段博弈的模型，并研究问题参数如何影响均衡结果。我们发现，回收价格和消费者环保意识水平对企业的回收行为和政府的奖惩政策具有附加影响。但是，这两个因素对企业的利润和政府的综合效益有不同的影响。通过两阶段博弈的均衡分析，得到企业单位处理成本、回收限额和消费者环保意识对企业定价以及政府综合效益的影响，并对各方提出了相关的建议。

（4）当面临政府奖惩和消费者环保意识的压力时，此部分研究了竞争市场中企业的产品回收和定价策略。我们开发了两阶段博弈的模型，并研究问题参数如何影响均衡结果。我们发现，奖惩系数和消费者意识水平对企业的回收行为具有附加影响。但是，这两个因素对企业的价格和利润有不同的影响。特别是，在有合适目标回收率限定的情况下，企业的价格随着消费者意识水平的提高而提高，随奖惩力度的提高而下降，而企业的利润首先下降，然后随着奖惩系数、消费者意识的增长而上升。

（5）此部分研究了在心理距离、后果严重性、计划行为理论（TPB）和环境行为理论的基础上，构建了由心理距离出发的对废旧电子产品回收行为直接或通过居民后果严重性认知间接的废旧电子产品回收影响方式，并通过问卷调查的方式，在网上获得有效问卷307份，运用SPSS 22对获得的数据进行分析，检验理论与假设模型的正确性，确定心理距离对居民废旧电子产品回收行为的影响情况。

（6）本部分以正规回收商（有补贴）和非正规回收商（无补贴）两种回收渠道为研究对象，分析了政府补贴对回收的影响并通过运用博弈论和激励理论，研究了政府激励机制对废旧电子产品回收效用的问题，分析了政府补贴在回收市场中所带来的经济效益和社会效益的变化。

（7）本部分针对两个分别采用传统回收渠道和网络回收渠道的处理商组成的逆向供应链，基于消费者环保意识建立双寡头模型，分析不同回收路径下消费者环保意识对处理商回收决策的影响。

第 2 章
基于需求导向的废旧电子产品回收模式构建

废旧电子产品的回收再制造是国内外供应链管理研究的一项重要内容。作为闭环供应链管理的重要环节,废旧电子产品回收和再制造环节的研究对于提高资源利用率、降低企业成本、完善供应链管理等具有极大的促进作用。现有的供应链管理研究主要集中在如何提高产品回收率及如何进行产品再制造过程上,且对于整个闭环供应链的决策制定过程的系统化分析内容较少。废旧电子产品回收企业的回收策略制定主要是从产品供给角度出发的,而对于再制造产品需求角度的分析较少,同时再制造企业对废旧电子产品的需求分析也较少,因此对需求导向下的废旧电子产品回收模式研究极其必要。

本章首先以废旧电子产品回收为主要研究对象,通过对废旧电子产品供应链管理理论进行讨论和总结,考虑需求导向下贯穿整个闭环供应链的全过程的产品回收模式构建。从经济学角度出发,应用博弈竞争与合作理论及系统分析理论,把需求导向融合到整个回收再制造的各个环节中,并对产品的整个回收和再销售过程进行分阶段研究,即回收渠道和回收策略的制定、回收分类处理进行再制造、再制造产品进行销售的多个阶段进行分析。同时应用系统分析法、定性定量相结合方法等,构建各个阶段的策略决策和参与方的效益模型。最终通过联系不同阶段的策略决策结果,建立优化的产品回收模式决策模型,为提高废旧电子产品的回收效率和再制造品的销售率、提高产品回收和再制造企业的效益提供理论依据。

2.1 从需求出发的废旧电子产品回收再制造模式分析

废旧电子产品回收的主要目的是用于再制造生产,而再制造生产的主要目的是满足市场上对该类产品的需求,从而获得利益。当企业的回收和再制造行为从废旧产品供给的数量和质量角度出发时,由于产品的回收不稳定导致策略的制定不稳定,且不能保证企业持续稳定的运行,而从需求角度出发时能够保证企业的周期性运行。

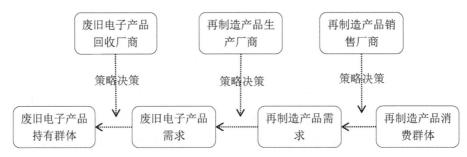

图 2 - 1 从供给出发的废旧电子产品回收模式流程简图

如图 2 - 1 所示,当从需求角度进行废旧电子产品回收模式分析时,产品流动方向不是影响参与方策略的主要依据,而不同环节需求端的需求将成为影响参与方策略决定的关键因素。从需求角度进行的废旧电子产品回收模式构建,首先要对市场上的废旧电子产品需求进行预测,从而为再制造产品销售厂商采购和销售计划提供依据,进一步影响到再制造产品生产企业对废旧电子产品的需求,最后影响废旧电子产品回收企业的回收策略的制定。因此,从需求出发的废旧电子产品回收模式分析的重点在对市场上产品需求的预测。值得注意的是,尽管对市场的预测并不能完全百分百的准确,但是在构建废旧电子产品回收模式时,不同的参与方都能够期望获得最优的效益,因此默认再制造产品消费群体在市场上的行为活动具有一定的可预测性,且采取的预测方法能够较为准确地反映市场的变化。

2.1.1 从需求出发的废旧电子产品回收模式参与方分析

本章首先从再制造产品的需求端出发,考虑市场上消费者对再制造产品的需求类型和数量,从而制定再制造生产的计划;其次,根据再制造生产计划制定产品的回收计划;最后,根据产品的回收计划制定产品的回收策略,从而形成从再制造产品需求出发的废旧电子产品回收模式。

市场上消费群体对再制造产品的需求包含三个方面：对再制造的新产品的需求，对经简单修理的废旧电子产品的需求和对二手电子产品的需求。再制造产品需求消费群体对再制造产品的需求变化会对市场上的再制造产品的供给产生影响，进一步影响到再制造企业的生产计划，也就是说再制造产品生产企业的生产计划除了由上游回收企业提供的废旧电子产品决定外，还与市场上对相应的再制造产品需求数量有关，因此构建受到再制造产品需求影响的再制造企业的产品生产决策模型，是整个废旧电子产品回收模式的一部分。

基于市场上再制造产品的需求，再制造企业对废旧电子产品的需求主要包含三类：可以直接投入市场销售的电子产品、经过简单维修便可以投放进入市场的产品及已无法维修但可以经过拆卸后其零部件继续使用的产品，而其他不能使用的产品将作为废弃物被遗弃。再制造企业对废旧电子产品的需求同时受到市场上再制造产品需求和废旧电子产品回收数量的影响。再制造产品的需求决定了再制造企业投入生产的意愿，而回收企业提供的废旧电子产品数量限制了再制造企业的规模。

废旧电子产品回收企业的回收计划和策略的制定，可以认为是废旧电子产品回收企业的产品需求，受到了其上游废旧电子产品持有群体和下游再制造产品生产企业的影响。如何从产品拥有者手中回收产品和采用怎样的回收方式是影响废旧电子产品回收企业回收效率的关键，同时也是决定整个逆向供应链的全过程能否实现的要点。除此之外，下游再制造产品企业的需求对回收厂商的废旧电子产品回收也有一定程度的影响，再制造企业对废旧电子产品需求的降低会导致库存积压，严重时可能导致废旧电子产品都以废物方式处理，这对回收企业是极其不利的。

综上所述，废旧电子产品回收再利用系统划分为三个主要环节，即废旧电子产品回收环节、废旧电子产品再制造环节和再制造产品销售环节。废旧电子产品回收系统中主要的参与方包含四类，即废旧电子产品持有群体、回收企业和再制造产品生产企业、再制造产品销售商及再制造产品消费群体。本章将对以上三个环节和四类参与方来进行分析，从而为废旧电子产品的回收模式的制定提供决策依据。

2.1.2 从需求出发的废旧电子产品回收模式中过程分析

废旧电子产品的回收再利用体系,包含从废旧电子产品回收到再制造产品销售整个过程。如图2-2废旧电子回收—再制造—再销售体系流程所示。废旧电子产品持有群体将废旧电子产品转让给回收企业从中获得一定的补偿,回收的废旧电子产品经过分类处理后,经过再制造产品生产企业的再制造过程形成再制造产品,之后投入市场被再制造产品消费群体购买,最终实现了废旧电子产品的回收再利用。因此,本章将废旧电子产品回收再利用系统的过程分为三个环节:废旧电子产品回收环节、废旧电子产品再制造环节和再制造产品销售环节。

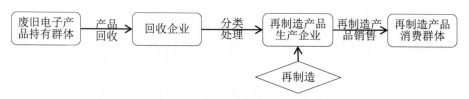

图2-2 废旧电子产品回收—再制造—再销售体系流程

废旧电子产品回收环节是实现废旧电子产品流入逆向供应链的重要环节。废旧电子产品回收环节中,废旧电子产品回收厂商采用不同的回收方式,鼓励和吸引废旧电子产品持有群体将手中的废旧电子产品汇聚到废旧电子产品回收点,并给予废旧电子产品持有群体一定的经济或其他形式的补助,保证了废旧电子产品回收的效率和效益,从而为再制造产品的生产过程提供了原材料。

废旧电子产品的再制造环节是实现废旧电子产品价值的重要环节。废旧电子产品回收企业回收的废旧电子产品经过分类处理后,进入再制造生产企业的生产环节。由于不同的废旧电子产品之间存在质量差异,再制造厂商会根据这种质量差异来采取不同的处理方式,使不同的废旧电子产品流向不同的再制造处理过程,最终形成能够继续投放到市场上进行销售的不同产品。

再制造产品的销售环节是逆向供应链的最后环节,也是正向供应链的开始环节,这一环节实现了产品在生产商与消费者之间的流动,同时这一阶段也保证了逆向供应链中的参与方实现其效益。废旧电子产品回收再制造过程实现了废旧电子产品的价值,而废旧电子产品回收企业和再制造产品生产企业的利润则是通过再制造产品销售环节的产品销售实现的。

综上,废旧电子产品回收再利用系统的整个过程可以简化为三个主要的环节:废旧电子产品回收环节、废旧电子产品再制造环节及再制造产品销售环节,而整个过程中的其他环节或活动则可以作为各个参与方在进行相应环节时所不得不进行的辅助环节或活动。

2.1.3　回收环节的博弈关系分析

在废旧电子产品回收环节,废旧电子产品持有群体和废旧电子产品回收企业之间的博弈是该环节的主要矛盾。对于废旧电子产品持有群体而言,拥有选择放弃或者继续持有废旧电子产品的策略,而是否放弃废旧电子产品受废旧电子产品回收企业制定的回收价格、回收途径等的影响。而废旧电子产品回收企业拥有采取不同价格和不同方式回收产品的策略,废旧电子产品回收企业回收效益受到了废旧电子产品持有群体的约束,当废旧电子产品持有群体积极参与到回收环节时,对废旧电子产品回收企业而言是有利的。

当从需求角度出发进行废旧电子产品回收时,废旧电子产品回收企业会通过分析再制造企业对废旧电子产品的需求情况而制定产品回收数量策略。当废旧电子产品回收企业需要回收一定数量的废旧电子产品时,会制定相应的废旧电子产品回收方式和回收价格等策略,这些策略直接作用于废旧电子产品持有群体,因此回收方式和回收价格成为制约废旧电子产品持有群体和废旧电子产品回收企业的共同变量。

当回收价格满足废旧电子产品持有群体的基本要求时,放弃废旧电子产品的意愿增加,与此同时产品回收点的距离或者回收给予的其他补助等会成为提高废旧电子产品持有群体放弃废旧电子产品意愿的激励因素。废旧电子产品回收企业在进行产品回收时,以降低产品所用的原材料成本为主要的目的,同时又需要满足再制造产品生产的需求。因此,废旧电子产品回收企业回收价格制定处于某一个价格区间内,这个价格区间的底限是废旧电子产品持有群体期望的最低价格,上限是废旧电子产品回收企业为回收满足生产需要数量的废旧产品而制定的最高价格。

因此,这个价格区间即是废旧电子产品持有群体愿意放弃废旧电子产品的期望价格区间,也是废旧电子产品回收企业能够进行废旧电子产品回收工作的期望价格区间。而影响该价格区间的主要变量是废旧电子产品回收企业对废旧电子产品的需求数量。由经济学相关知识可知,当废旧电子产品需求数量较大时,会制定一个相对较高的价格来实现其目的,反之需求数量较低时制定的回收价格较低。然而,这种价格随着需求数量增加的趋势导致市场上的废旧电子产品持有群体放弃废旧电子产品的意愿增加,废旧电子产品的供给数量就会增加,废旧电子产品回收企业就会降低产品的回收价格,反之亦然。因此,废旧电子产品回收企业制定的价格总是会趋向于到一个相对稳定的价格,或者说所有废旧电子产品的平均回收价格是一个较为稳定的价格。

综上可知,废旧电子产品持有群体和废旧电子产品回收企业之间存在价格博弈,这个价格处于废旧电子产品持有群体期望的最低价格和再制造产品回收厂商期望的最高价格之间,而最终交易价格取决于废旧电子产品回收企业对废旧电子产品的需求数量。

2.1.4 再制造产品生产环节博弈关系分析

废旧电子产品被回收后,需要经过一定的分类处理和再制造过程才能流向市场,这是因为再制造过程实现了废旧电子产品到再制造产品转化的过程,完成了废旧电子产品的再利用。再制造过程中,只有一个主要参与方再制造产品生产企业,无法形成两个废旧电子产品回收系统参与方之间的博弈,但该环节中存在另外一种博弈关系:不同质量等级废旧电子产品之间的博弈关系。

回收企业回收的废旧电子产品不能采取同一种处理方式,不同质量情况的废旧电子产品需要的处理过程不一样,这就形成了再制造过程的不同质量级别之间的废旧电子产品之间的博弈关系。当废旧电子产品回收企业将一定数量的废旧电子产品交付给再制造生产企业后,再制造产品生产企业首先要对所有的废旧电子产品进行分类,从而确定不同类型的废旧电子产品相应的再制造处理过程。因此,再制造产品生产企业制定的再制造产品生产策略是通过制定不同的质量等级来进行废旧电子产品的分类,从而为市场提供不同类型的再制造产品,而质量等级的划分受到了多种影响因素的制约,也就形成了再制造过程中的博弈。

首先,市场上对不同的再制造电子产品的需求是不同的,而再制造过程具有一定的折耗,也就是说从废旧电子产品到再制造产品会有一定的损失,这就使得划分质量等级至关重要;其次,再制造产品生产企业投入的生产成本不是无限的,不同质量级别的废旧电子产品的再制造过程成本不同,降低成本是再制造企业的诉求之一;最后,不同的再制造处理过程的生产技术和能力是不同的,划分质量等级是保证生产线能够维持生产的关键。因此,划分不同的质量级别对于再制造过程很重要,而不同的废旧电子产品之间由于数量关系而带来的成本竞争产生了博弈关系,这正是废旧电子产品回收再利用系统过程中再制造环节的博弈。

综上所述,废旧电子产品回收再利用系统的再制造环节的博弈主要是不同质量等级废旧电子产品之间的博弈:再制造产品生产企业划分不同的质量等级,使存在质量差异的不同类型废旧电子产品投入到不同生产处理过程,而由于再制造产品的需求、再制造成本的限制和生产能力的限制等,使得不同等级的废旧电子产品之间产生数量的博弈。

2.1.5　再制造产品销售环节博弈关系分析

再制造产品销售环节是废旧电子产品回收再利用系统中废旧电子产品回收企业和再制造产品生产企业实现利润的环节。再制造产品是经过回收企业和再制造企业的回收和再制造过程后形成的,而在回收环节和再制造环节中,回收企业和再制造企业只有成本的付出,没有实际上的销售收入和利润所得,因此再销售环节对回收企业和再制造企业至关重要。

再销售环节中,主要的参与方是再制造产品销售商和再制造产品消费群体,主要的博弈关系也发生在这两类参与方之间。再制造产品销售商的主要目的是销售产品实现利润,这代表了废旧电子产品回收企业和再制造产品生产企业的共同目的,通过销售再制造产品实现了整个废旧电子产品再利用的最终价值,也实现了逆向供应链的价值。再制造产品消费群体的需求包括对产品质量性能、价格和数量等多个方面,在现有的市场条件下,产品的价格和质量性能等在一定的时期内有一定的稳定性,因此再制造产品消费群体对再制造产品的需求主要体现在数量上。

再制造产品销售商销售的再制造产品数量和再制造产品消费群体需求的再制造产品数量之间存在差异,于是就形成了再制造产品销售环节的博弈。由一般的市场供需分析可知,当在市场经济条件下实现产品的供需平衡时,有利于实现供需双方的帕累托最优,同时由一般的博弈理论分析可知,当销售商和消费者之间实现供给平衡时易达到均衡价格,从而实现供需双方的最优效益。在本章的分析中,依然沿用这些理论结果,因此再制造产品销售商和再制造产品消费群体之间的博弈就是对再制造产品数量的博弈。值得注意的是,本章所说的再制造产品指的是多种类型的产品,包括直接进入二手市场的、经过简单修理后再销售的、拆卸成零件组装后再销售的多种类型产品,只有基于这种认知才能进行市场供需的分析。

因此,再制造产品销售环节中博弈主要是再制造产品销售商和再制造产品消费群体之间的博弈,双方基于再制造产品数量之间进行博弈。再销售环节的博弈适应于一般的博弈分析,并且当再制造产品制造企业直接进行产品销售时,再销售产品销售商的期望效益分析可以转换为回收企业和再制造企业的期望效益分析。

2.2　需求出发的废旧电子产品回收模式基本思路、假设和参量符号

基于已有的废旧电子产品回收策略研究、再制造生产策略研究和再制造产品销售策略研究的成果,以成本—收益分析作为废旧电子产品回收系统参与方的效益模型基础,运用博弈理论的相关知识为分析工具,构建从需求出发的闭环供应链废旧电子产品回收模式。

2.2.1　废旧电子产品回收模式模型的基本思路

已有的废旧电子产品回收再利用和闭环供应链管理研究的内容对于废旧电子产品回收策略制定、再制造策略制定及销售策略的制定都有了较为成熟的经验,本章基于已有的研究成果构建本章的废旧电子产品回收模式模型。

再制造产品的销售主要取决于市场上对再制造产品的需求,再制造产品销售策略的制定需要能够对市场上的再制造产品需求进行准确的预测。市场上对同种产品需求类型主要有三类:全新的产品、经一定程度加工的产品和不需加工的二手产品,而市场消费者获取这些产品的渠道分为线上和线下两种。在对再制造产品销售环节进行分析时,首先考虑再制造产品消费者对这三类产品的需求量,其次考虑消费者获得这三类产品渠道选择情况,再次考虑再制造产品销售商和消费者的期望效益模型,最后对模型进行分析并求解再制造产品销售环节的最优策略结果。

再制造企业通过将回收的废旧电子产品进行分类处理,将存在质量差异的产品投入不同的处理过程,从而为产品市场提供不同类型的再制造产品。再制造生产过程主要是制造企业的资本投入过程,这一阶段的再制造企业为将废旧电子产品生产成全新的产品,需要投入人力、器械等大量的资本,因此这一过程的再制造企业效益主要是呈现负数的成本效益。在对再制造产品生产过程进行研究时,首先构建再制造企业制定的生产策略,这部分主要是划分质量等级进行产品处理,其次构建再制造企业的效益模型,最后通过与再制造产品销售商的效益模型联合分析。

回收环节实现了废旧电子产品从消费者流入逆向供应链,回收企业通过制定相应的回收价格和回收渠道来回收一定数量的废旧电子产品。这一环节和再制造环节一样,回收企业也是处于资本投入的状态,为了回收一定的产品供再制造生产的需求,回收企业需要投入一定数量的成本,因此这一阶段的回收企业效益也是呈现负数的成本效益。在对回收环节的参与方行为进行研究时,首先考虑基于政府补贴激励下的回收商的回收策略决策模型,其次考虑消费者偏好对回收策略的影响情况,再次构建回收企业和持有废旧电子产品的消费群体的效益模型,最后利用合作博弈理论求解回收的最佳数量。

由于分别处于回收环节和再制造生产环节时,回收企业和再制造企业效益都是呈现负数的成本效益,因此在分析考虑回收企业与再制造企业之间的产品转让和再制造企业与再制造产品销售商之间的产品转让收入效益时,就形成了不同参与方的收入效益。值得注意的是,当再制造企业直接进行产品回收和再制造产品销售时,回收企业的销售效益可视为零,而再制造销售的销售效益就转换为再制造企业的销售效益。

根据已有的研究成果和经验表明,采取合作的形式是实现博弈方长久利益最优化的策略,因此每一个环节的参与方之间的博弈结果应满足帕累托最优,而对于回收环节和再制造产品销售环节而言则是实现了产品供给的平衡,这也是构建本章废旧电子产品回收模式的理论基础。

2.2.2 模型基本假设

在构建从需求出发的废旧电子产品回收模式时,以尽可能地符合实际情况为基本要求,第二章的分析内容只考虑闭环供应链中的三个环节和四类参与方的效益模型,同时为保证模型的构建和求解的简便做出以下假设条件:

假设1:闭环供应链中的参与方对于废旧电子产品回收的态度是积极的,回收再制造各个环节中不同参与方之间都将采取合作的态度。

假设2:闭环供应链中各个参与方的策略制定都以市场上再制造产品的需求为主要的策略依据,并且各个参与方的效益模型以成本—收益模型来进行构建。

假设3:整个闭环供应链中参与方的效益模型是与废旧电子产品或再制造产品数量有关的函数,各个参与方的决策都用数量决策来表示。

假设4:在闭环供应链中不同环节不同参与方之间的利益关系以实现帕累托最优为前提,因此所有策略结果的求解都是建立在不同阶段产品供需平衡的基础之上的。

2.2.3 模型中的参量符号及含义

表 2－1 模型中的参量符号及含义

参量符号	参量含义
$C[Sale]$	再制造产品销售环节的销售总成本
$C[Rem]$	再制造产品生产环节的生产总成本
$C[Rec]$	废旧电子产品回收环节的回收总成本
$E[Sale]$	再制造产品销售环节的期望效益
$E[Cons]$	再制造产品消费群体的期望效益

（续表）

参量符号	参量含义
$E\ [Rem\&Rec]$	回收企业和再制造生产企业的期望效益
$E\ [Hol]$	废旧电子产品持有群体的期望效益
$\alpha_i\ (i=1,2,3)$	市场上需求一定时,再制造销售过程采取直接销售渠道销售的产品比例;这基于企业单独进行产品销售时无法实现既满足市场需求又最优成本的情况
$\beta_i\ (i=1,2)$	再制造产品需求一定时,再制造企业制定的再制造生产策略不同的质量级别下用于生产不同再制造产品的成本不同
γ	废旧电子产品需求一定时,回收企业采取的直接回收渠道回收的比例,同样基于单独回收无法实现回收足够数量的产品

2.3　静态多阶段的废旧电子产品回收模式构建

2.3.1　多阶段的废旧电子产品回收模式模型

静态多阶段的废旧电子回收模式包含再制造产品销售环节、废旧电子产品再制造环节和废旧电子产品回收环节三个部分,每个环节的策略制定都是以实现市场上的再制造产品需求为主的。本章节首先构建每一阶段的策略制定模型和期望效益模型,再综合各个阶段的策略模型构建整体策略模型,最后构建静态多阶段的废旧电子产品回收参与方的效益模型,从而为废旧电子产品回收模式选择提供解决方案。

2.3.1.1　再制造产品销售环节的策略模型和效益模型

再制造产品销售环节的产品供给以满足市场上的再制造产品需求为目的,再制造销售商的销售策略制定以预测的市场需求为依据,此时制定的销售价格能够实现零库存和满足消费者需求双重结果。

首先,构建消费者再制造产品需求预测模型。市场上的再制造产品需求种类有三种:直接投入市场的二手产品、经简单维修投入市场的产品和全新的产品,假设不同产品的需求预测模型为:

$$Q_i = q_0 + a_1 x_1^{b1} e^{\varepsilon 1} + a_2 x_2^{b2} e^{\varepsilon 2} + \cdots + a_m x_m^{bm} e^{\varepsilon m} \quad (i=1,2,3) \qquad (2-1)$$

$a_m x_m^{bm} e^{\varepsilon m}$ 表示的是影响再制造产品需求的第 m 个因素所引起的产品需求量的变化,其中a_m、b_m 和ε_m 是模型参数,x_m 是定性或者定量元素按照一定的规则换算的值,ε_m 表示影响再制造产品需求预测的变量个数。

其次,构建再制造产品销售商的销售策略模型,当对市场上不同类型的再制造产品需求预测分别为$Q_i (i=1,2,3)$时,销售环节的主要策略制定是销售渠道的选择。假设有直接销售和委托销售两种销售渠道,当产品 i 中有比例为 $\alpha_i (0 \leqslant \alpha_i \leqslant 1, i=1,2,3)$的产品通过直接渠道销售时,再制造销售环节的成本可以表示为:

$$C[Sale] = C_0\left(\sum Q_i\right) + C_1\left(\sum Q_i\right) + C_2(\alpha_i) \qquad (2-2)$$

其中, $C_0\left(\sum Q_i\right)$ 表示销售所有的再制造产品付出的固定成本,包含了广告、租赁等费用,$C_1\left(\sum Q_i\right)$ 是销售所有再制造产品付出的可变成本,包含了为促进销售而采取的折扣、现金补偿等成本,这两部分是销售的产品数量 $\sum Q_i$ 有关的函数,而$C_2(\alpha_i)$ 则表示采取委托销售时需要支付给零售商的成本,与委托的比例有关系的函数。

当市场上的再制造产品价格为$P_i (i=1,2,3)$时,再制造环节的期望效益模型为:

$$E[Sale] = \sum Q_i P_i - C_0\left(\sum Q_i\right) - C_1\left(\sum Q_i\right) - C_2(\alpha_i) \qquad (2-3)$$

再制造销售环节的策略制定以实现利润为主要目标:当市场上产品价格稳定时,销售策略制定以实现成本最低为主要目的,即 $\min C[Sale]$;市场价格变动时,销售策略以实现效益最优为主要目的,即 $\max E[Sale]$。

2.3.1.2 再制造环节的和回收环节的策略模型

再制造生产环节的策略制定以市场上的产品需求为依据,同时受到再制造生产技术和成本等的限制,不同质量情况的废旧电子产品将投入不同的生产工艺过程。假设废旧产品到再制造产品的转化率分别为$\mu_i (0 < \mu_i \leqslant 1, i=1,2,3)$,$\mu_i$是基于产品质量、再制造生产能力和生产技术等条件限制的,而不同的再制造产品的转化率不通过,由此得到不同再制造产品的生产需要的废旧电子产品规模为:

$$Q_i' = Q_i / \mu_i \, (i = 1, 2, 3) \tag{2-4}$$

继续假设不同废旧电子产品的质量级别为 $\beta_j \in [0,1]$，不同质量级别下的废旧电子产品数量函数为：

$$q'(\beta_j) = q_0 + q_1 \beta_j + q_2 \beta_j^2 + q_3 \beta_j^3 + \cdots \tag{2-5}$$

其中 $q_j \, (j = 1, 2, \cdots)$ 是模型参量。假定按照质量级别划分质量等级时，两个标准 β_1, β_2 满足 $0 \leqslant \beta_1 \leqslant \beta_2 \leqslant 1$，这个标准下实现了不同再制造产品生产的需求，即：

$$Q_1' = \int_{\beta_2}^{1} q'(\beta_j) \, d\beta_j, \, Q_2' = \int_{\beta_1}^{\beta_2} q'(\beta_j) \, d\beta_j, \, Q_3' = \int_{0}^{\beta_1} q'(\beta_j) \, d\beta_j \tag{2-6}$$

则由此产生的再制造过程的成本为：

$$C[Rem] = C_0'\left(\sum Q_i'\right) + \sum_{i=1}^{3} \sum_{k=1}^{K} c_k' Q_i' \tag{2-7}$$

其中 $C_0'\left(\sum Q_i'\right)$ 表示再制造生产的固定成本，与处理的废旧产品规模有关，$C_1'\left(\sum Q_i'\right)$ 表示再制造生产过程中的可变成本，由再制造生产过程所有不同工艺过程 k 的生产成本构成。再制造生产过程以最小的成本付出生产符合市场需求的再制造产品，因此再制造过程的策略制定可以采用实现最小成本付出来实现，即 $\min C[Rem]$。

废旧电子产品回收环节的策略制定主要是回收企业的回收渠道和回收价格策略的制定，而回收价格的制定取决于再制造生产所需要的废旧电子产品数量。由上一小节，当再制造产品生产企业需要的废旧电子产品数量为 $Q_i' \, (i = 1, 2, 3)$，并假定回收企业按照不同质量等级制定回收价格策略，同时采用的回收渠道包括直接回收和委托回收两种，直接回收渠道比例为 $\gamma \, (0 \leqslant \gamma \leqslant 1)$，则委托回收渠道比例为 $(1 - \gamma)$。则废旧产品回收阶段的成本结构为：

$$C[Rec] = C_0''\left(\sum Q_i'\right) + \int_{0}^{1} c''(\beta_j) q'(\beta_j) + C_1''(\gamma) \tag{2-8}$$

其中，$C_0''\left(\sum Q_i'\right)$ 表示回收环节付出的固定成本；$\int_{0}^{1} c''(\beta_j) q'(\beta_j)$ 表示回收产品付出的直接成本，$c''(\beta_j)$ 表示不同质量级别下的产品回收价格；$C_1''(\gamma)$ 表示采取委托回收渠道付出的成本。同再制造产品生产环节，废旧产品回收环节也以实现最低的成本为策略制定依据，即 $\min C[Rec]$。

2.3.2　静态多阶段的废旧电子产品回收模式及结果分析

基于各个阶段的策略决策模型,可以构建贯穿整个闭环供应链的废旧电子产品回收模式模型及不同类群参与群体的期望效益模型。则从需求出发的静态多阶段的废旧电子产品回收模式为:

$$\min C\,[Sale]\,or\,\max E\,[Sale]\,,\min C\,[Rem]\,,\min C\,[Rec]$$

$$
\begin{cases}
Q_i = q_0 + a_1\,x_1^{b1}\,e^{\varepsilon 1} + a_2\,x_2^{b2}\,e^{\varepsilon 2} + \cdots + a_m\,x_m^{bm}\,e^{\varepsilon m}\ (i=1,2,3) \\[4pt]
C\,[Sale] = C_0\left(\sum Q_i\right) + C_1\left(\sum Q_i\right) + C_2(\alpha_i) \\[4pt]
or E\,[Sale] = \sum Q_i\,P_i - C_0\left(\sum Q_i\right) - C_1\left(\sum Q_i\right) - C_2(\alpha_i) \\[4pt]
Q_i' = Q_i / \mu_i\ (i=1,2,3) \\[4pt]
q'(\beta_j) = q_0 + q_1\,\beta_j + q_2\,\beta_j^2 + q_3\,\beta_j^3 + \cdots \\[4pt]
Q_1' = \int_{\beta 2}^{1} q'(\beta_j)\,d\,\beta_j\,,\ Q_2' = \int_{\beta 1}^{\beta 2} q'(\beta_j)\,d\,\beta_j\,,\ Q_3' = \int_{0}^{\beta 1} q'(\beta_j)\,d\,\beta_j \\[4pt]
C\,[Rem] = C_0'\left(\sum Q_i'\right) + \sum_{i=1}^{3}\sum_{k=1}^{K} c_k'\,Q_i' \\[4pt]
C\,[Rec] = C_0''\left(\sum Q_i'\right) + \int_{0}^{1} c''(\beta_j)\,q'(\beta_j) + C_1''(\gamma)
\end{cases}
$$

$$(2-9)$$

而由此决定的闭环供应链中的参与方的期望效益模型可以整合为:

$$
\begin{cases}
E\,[Sale] = \sum Q_i\,P_i - C_0\left(\sum Q_i\right) - C_1\left(\sum Q_i\right) - C_2(\alpha_i) \\[4pt]
E\,[Cons] = F(P_i,Q_i) - P_i\,Q_i \\[4pt]
E\,[Rem\&Rec] = \sum Q_i\,P_i' - C_0'\left(\sum Q_i'\right) - \sum_{i=1}^{3}\sum_{k=1}^{K} c_k'\,Q_i' \\[4pt]
\qquad\quad - C_0''\left(\sum Q_i'\right) - \int_{0}^{1} c''(\beta_j)\,q'(\beta_j) - C_1''(\gamma) \\[4pt]
E\,[Hol] = \int_{0}^{1} c''(\beta_j)\,q'(\beta_j) - G\left(\sum Q_i',P_i''\right)
\end{cases}
$$

$$(2-10)$$

$F(P_i,Q_i)$ 表示再制造产品消费群体购买再制造产品获得满足感等效益,$G\left(\sum Q_i',P_i''\right)$ 表示持有废旧电子产品群体放弃废旧电子产品付出的成本效益。则式(2-9)和式(2-10)可以求解出不同环节的策略决策结果和各类群体的期望效益。不同阶段策略结果的求解从再制造产品需求出发,由再制造产品销售环节倒推到废旧电子产品回收环节,通过再制造产品的需求来求解废旧电子产品需求及每一阶段采取的策略。

在此对不同阶段的策略结果进行简单的讨论:

(1)再制造产品销售阶段的策略为α_i^*($i=1,2,3$),表示不同的产品采取直接渠道销售的产品数量为$\alpha_i^* Q_i$,此时再制造产品的销售既满足了市场上对产品的需求,又实现了再制造销售环节期望得到的最优效益,α_i^*实现了再制造销售中的销售效率和效益。

(2)再制造生产阶段的策略为β_1^*,β_2^*。该策略的制定是根据产品生产能力等的影响下实现的,β_1^*,β_2^*的制定实现了满足再制造生产需求的同时降低了再制造生产的成本。

(3)产品回收阶段的策略为γ^*,表示的是按照再制造生产对废旧产品需求规模进行废旧产品回收,采取直接回收渠道进行的产品回收数量为γ^*时,能够保证降低回收产品付出的成本。

综上,不同阶段的策略决策是单独进行的,但都受到了市场上再制造产品需求的影响,同时不同阶段的策略制定是通过对成本或者收益模型进行分析来进行的,而不同阶段策略的制定是以实现市场上的产品需求为基础的。值得注意的是再制造产品销售和废旧产品回收阶段的策略选取变量α_i($i=1,2,3$)和γ是因为企业单独进行这两个环节成本会很高且可能无法满足产品需求目标。

2.4　动态合作博弈的废旧电子产品回收模式构建

与静态多阶段的废旧电子产品回收模式类似,动态合作博弈的废旧电子产品回收模式也需要以再制造产品需求分析为出发点。为便于分析和讨论,动态情境下的废旧电子产品回收模式将整个系统的参与方分成两类:回收企业与再制造企业属于同一参与方、废旧电子产品持有群体和再制造产品消费者为同一参与方,而再制造消费群体的行为活动则由再制造企业来完成。动态情况下的废旧电子产品回收模式构建重要的是考虑时间的影响,由于产品回收和再制造过程与产品销售之间存在时间差,因此在分析时考虑时间因素影响产品需求的变化。

2.4.1　动态合作博弈的废旧电子产品回收模式模型

本节从回收企业和再制造企业对市场上的再制造产品需求预测出发,以某一期的回收企业和再制造企业的利润收入为目标,建立回收企业和再制造企业的期望效益模型。构建模型时,考虑本期的需求受到了之前多期销售情况的影响,即产品需求预测模型可以假定为:

$$Q_{i-}(t)=d_1[Q_{i-}(t-1)]^{r_1}e^{\theta_1}+d_2[Q_{i-}(t-2)]^{r_2}e^{\theta_2}+\cdots+d_n[Q_{i-}(t-n)]^{r_n}e^{\theta_n}$$

$$(2-11)$$

$d_n[Q_{i-}(t-n)]^{r_n}e^{\theta_n}$ 表示的是第$(t-n)$期的产品销售情况所引起的本期产品需求的变化,其中d_n、r_n和θ_n是模型参量,$Q_{i-}(t-n)$表示第$(t-n)$期的产品销售数量,n表示进行预测时采用的数据期数,并且$n\leqslant t$。

当对第t期回收企业和再制造企业的不同阶段的策略制定进行分析时,需要考虑多期的产品需求预测情况,这是因为第t期的再制造产品供给是由第$(t-1)$期的再制造过程生产的,而第$(t-1)$期再制造生产过程所需要的废旧产品则是由第$(t-2)$期的回收过程得到的。如图 2-3 所示,表示的正是动态过程中的产品回收模式。

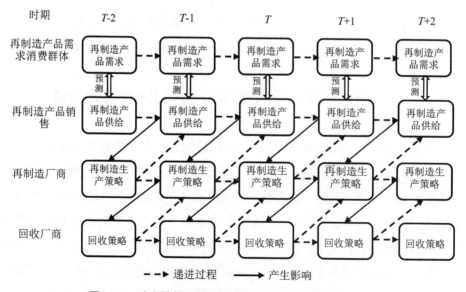

图 2-3　动态情境下的废旧电子产品回收模式分析路径

也就是说当要构建第 t 期的废旧电子产品回收模式时，需要考虑第 $(t+2)$ 期的再制造产品需求情况，而回收企业和再制造企业在第 t 期的成本构成则需依据第 $(t+1)$ 期和第 $(t+2)$ 期的再制造产品需求预测得到。

首先构建第 t 期的废旧电子产品回收模式，在这里同样假设产品转化率为 $\mu_i (0 < \mu_i \leqslant 1, i = 1, 2, 3)$，第 $(t+2)$ 期的再制造产品需求预测为：

$$Q_{i-}(t+2) = d_1 [Q_{i-}(t+1)]^{r_1} e^{\theta_1} + d_2 [Q_{i-}(t)]^{r_2} e^{\theta_2} + \cdots$$
$$+ d_n [Q_{i-}(t-n+2)]^{r_n} e^{\theta_n} \tag{2-12}$$

则第 t 期所需要回收的废旧电子产品数量为：

$$Q'_{i-}(t) = Q_{i-}(t+2) / \mu_i \tag{2-13}$$

同样假定不同质量级别下的废旧产品数量服从一定的函数分布：

$$q'(\beta_{j-t}) = q_0 + q_1 \beta_{j-t} + q_2 \beta_{j-t}^2 + q_3 \beta_{j-t}^3 + \cdots \tag{2-14}$$

不同阶段的策略制定模型为：

$$\min C [Sale] = C_0 \left(\sum Q_{i-}(t) \right) + C_1 \left(\sum Q_{i-}(t) \right) + C_2 (\alpha_{i-t}) \tag{2-15}$$

$$\min C [Rem] = C'_0 \left(\sum Q_{i-}(t+1) / \mu_i \right) + \sum_{i=1}^{3} \sum_{k=1}^{K} c'_k Q_{i-}(t+1) \tag{2-16}$$

$$C [Rec] = C''_0 \left(\sum Q_{i-}(t+2) / \mu_i \right) + \int_0^1 c''(\beta_{j-t}) q'(\beta_{j-t}) + C''_1 (\gamma_{-t}) \tag{2-17}$$

则回收企业和再制造企业在动态情境下的成本结构为：

$$C [Rem\&Rec] = C_0 \left(\sum Q_{i-}(t) \right) + C_1 \left(\sum Q_{i-}(t) \right) + C_2 (\alpha_{i-t})$$
$$+ C'_0 \left(\sum Q_{i-}(t+1) / \mu_i \right) + \sum_{i=1}^{3} \sum_{k=1}^{K} c'_k Q_{i-}(t+1)$$
$$+ C''_0 \left(\sum Q_{i-}(t+2) / \mu_i \right) + \int_0^1 c''(\beta_{j-t}) q'(\beta_{j-t}) + C''_1 (\gamma_{-t}) \tag{2-18}$$

而再制造企业和回收企业的期望效益模型为：

$$E [Rem\&Rec] = \sum Q_{i-}(t) P_{i-}(t) - C [Rem\&Rec] \tag{2-19}$$

而再制造产品消费群体和废旧电子产品持有群体的期望效益为：

$$E [Sale\&hol] = F(Q_{i-}(t), P_{i-}(t)) + \int_0^1 c''(\beta_{j-t}) q'(\beta_{j-t}) + C''_1 (\gamma_{-t})$$

$$-\sum Q_{i-}(t)P_{i-}(t)-G\Big(\sum Q_{i-}(t+2)/\mu_i,P''_{i-}(t)\Big) \quad (2-20)$$

2.4.2 动态合作博弈下的废旧电子产品回收模式结果求解和分析

动态合作博弈下的废旧电子产品回收模式的求解和多阶段静态情境下的废旧电子产品回收求解一样,都是建立在再制造产品需求预测的基础之上的,不同的是本章构建的静态情境下的废旧电子产品回收模式策略的求解是以成本分析为主的,而动态合作博弈下的废旧电子产品回收模式可以同时采用成本约束模型和成本—收入效益模型进行,并且动态情境下的产品回收模式求解考虑了多期的产品需求预测变化。

不同阶段的策略求解都可以从再制造企业和废旧电子产品回收企业的综合效益出发来求解,由于数量决策是通过需求预测模型制定的,所需要求解的是分配策略。不同环节的策略制定之间没有绝对的联系,这里的绝对是指直接影响到其策略制定,这是由于每一阶段的策略制定是根据本阶段的废旧电子产品或再制造产品数量制定的,而本阶段的产品数量是由再制造产品需求预测和企业的制造能力确定的,因此策略制定是独立完成的。

在进行每一阶段的策略求解时,假定其他阶段的策略制定是定值。仍以再制造产品的销售策略制定为例,废旧电子产品回收策略和再制造产品生产策略分别为 γ 和 $\beta_j(j=1,2)$,则再制造产品销售策略求解方法为:

$$\frac{\partial E\left[Rem\&Rec\right]}{\partial \alpha_i}\bigg|\gamma,\beta_j=0(i=1,2,3,j=1,2) \quad (2-21)$$

同理,再制造生产策略和废旧电子产品回收策略可以经过以下过程求解得出。当再制造产品销售策略为 $\alpha_i^*(i=1,2,3)$,而废旧电子产品回收策略为 γ 时,再制造产品生产企业的策略决策为:

$$\frac{\partial E\left[Rem\&Rec\right]}{\partial \beta_j}\bigg|\alpha_i,\gamma=0(i=1,2,3,j=1,2) \quad (2-22)$$

当再制造产品销售策略为 $\alpha_i^*(i=1,2,3)$,再制造产品生产企业的策略决策为 $\beta_j^*(j=1,2)$ 时,废旧电子产品回收企业的回收策略为:

$$\frac{\partial E\left[Rem\&Rec\right]}{\partial \gamma}\bigg|\alpha_i,\beta_j=0((i=1,2,3,j=1,2)) \quad (2-23)$$

求解得到最优的废旧电子产品回收策略为 γ^*。

由上述的分析可以得出动态合作博弈下的废旧电子产品回收模式在不同阶段的最优均衡策略,这里的均衡是指依据市场上的再制造产品预测需求,闭环供应链中的再制造企业和回收企业采取该策略时,能够保证其获得期望的利润效益,同时保证其他参与的利益最优。

动态合作博弈下的闭环供应链的策略制定是基于回收企业和再制造企业在对市场上产品需求进行预测后,根据多期的产品需求预测来进行本期的产品再制造、销售和产品回收,在动态博弈模式中将废旧电子产品回收企业和再制造企业视为一体时,废旧电子产品回收策略、再制造生产策略和再制造产品销售策略共同作用于其期望效益模型。

可以采用倒推的形式从产品销售策略的求解逐步进行,$\alpha_i^*(i=1,2,3)$ 是再制造产品销售的最优均衡策略,在该策略下本期的产品销售实现了供给均衡,而对于其他阶段的策略制定却不产生影响;$\beta_i^*(i=1,2)$ 是再制造阶段最优策略,与静态不同的是它不是由当期的再制造产品销售数量决定的,而是由下一期的产品需求决定;γ^* 是废旧电子产品回收策略的最优决策,是基于对两期之后的产品需求决定的。各个阶段的策略共同作用于再制造企业和废旧电子产品回收企业的期望效益。

2.4.3 小结

本章分别构建了在多阶段静态情境下和动态合作博弈情境下的废旧电子产品回收模式模型,并对其结果进行了相应的求解和分析。本章构建的废旧电子产品回收模式是贯穿整个闭环供应链的策略制定模型,包括废旧电子产品回收环节、再制造生产环节和再制造产品销售三个主要环节,以及废旧电子产品持有者、废旧产品回收企业和再制造企业、再制造产品销售商以及再制造产品消费者这样几类群体。

本章从再制造产品需求预测出发,考虑在静态多阶段单期的废旧电子产品回收模式和动态多期的合作博弈情境下的策略结果。静态多阶段的废旧电子产品回收模式结果以实现回收企业和再制造企业的最低或者最优或最低成本为前提,通过对数量确定的产品实施不同的分配从而调节产品的总成本,因此不同阶段的均衡策略是实现该阶段参与方的成本最优;而动态合作博弈情境下的废旧电子产品回收则是以静态情境的模型为基础,考虑策略制定的时间约束,从而考虑废旧电子产品回收和再制造与再制造产品销售之间的时间差,制定动态情境下的废旧电子产品回收策略,这时的均衡策略是满足多期的产品回收和再制造生产需求及再制造产品销售需求。

通过对结果的分析可知,每个均衡策略都是保证企业实现最优效益,这体现在静态下的成本最低和动态下的效益最高,唯一的区别是静态考虑的是单期策略制定,未将时间因素考虑进去,而动态考虑的是连续多期的不同阶段的策略制定,相对符合实际情况。而从结果的求解过程和分析可以看出,无论是静态情境下的均衡策略还是动态下的均衡策略,想要提高企业最终的利润效益需要解决以下问题:提高市场需求预测的准确性有利于策略制定,这对于静态多阶段模式和动态合作博弈模式同样适用;提高产品回收效率和再制造产品销售效率是促进闭环供应链稳定持续运行的关键;当市场需求一定时,成本约束成为回收企业和再制造企业考虑的主要内容,优化成本结构对提高企业效益十分关键。这些问题在本章的分析中没能全部体现出来,是值得进一步研究和分析的。

2.5 不同策略组合下的回收再制造企业效益分析

在本章构建的废旧电子产品回收模式中,静态多阶段情境下的废旧电子产品回收模式以成本为主要的约束条件,动态合作博弈情境下的废旧电子产品回收则是以成本—收入效益为约束条件。本章通过算例进行简单的模拟分析,先讨论多阶段静态情境下的废旧电子产品回收再利用过程中的策略制定及不同阶段的策略决策对供应链中参与方的效益的影响,再以此为基础讨论动态情境下的废旧电子产品回收再利用系统中的策略制定对企业效益的影响。

在进行最终的废旧电子产品模式确定时,回收企业和再制造企业是以实现最优的成本为目的的,因此求解不同策略下的成本构成是回收企业和再制造企业策略制定的依据。通过对不同策略组合下参与方的效益分析,能够进一步检验模型的有效性。

2.5.1　静态多阶段情境下的回收再制造企业效益分析

由上文构建的模型可知,废旧电子产品回收再利用过程一共包含三个环节,每个环节都可以单独决策互不影响,因此在静态多阶段情境下进行分析时,可以简化为分析某一阶段的策略决策。而在动态情境下,每个环节的策略决策时是依据再制造产品需求预测来进行的,尽管各个阶段的策略决策互不影响,但所有的策略共同作用于回收企业和再制造生产企业的效益。因此在分析时,多阶段静态情境下以某一阶段的策略决策及该阶段参与方的效益分析为主,而动态合作博弈情境下则以回收企业和再制造生产企业的整体效益为主。

在对静态多阶段的废旧电子产品回收模式进行分析时,不同产品的销售策略可以单独进行,而再制造产品销售环节的效益则是所有产品策略组合共同影响的。为简化分析,假定市场上对第一种类的再制造产品的需求和成本已经确定,考虑另外两种产品的策略制定变化所带来的再制造产品销售环节效益的变化。

不妨假定产品销售价格 $P_{i1} = 10$,通过直接销售渠道销售的产品成本 $c_{i1} = 10 - \alpha_i q_i$,第二种渠道的成本 $c_{i2} = 10 - (1 - \alpha_i) q_i$,销售所有产品的固定成本为 $c_1 + c_2 = 50$。则再销售过程的成本约束函数可以表示为:

$$E\left[Rpv\right] = \sum_{i=1}^{2}\left[200\,\alpha_i^2 - 200\,\alpha_i + 100\right] - 50 \qquad (2-24)$$

则经过处理后,得出再制造产品销售环节不同策略决策下的成本变化,如图 5-1 表示的是当一种产品确定后,销售另外两种不同类型的再制造产品时,再制造产品销售环节的成本构成变化。

正如前文所说,再制造产品销售价格是由实际的市场情况决定的,当市场价格稳定时再制造产品销售商通过采取各种策略来进行销售,这些措施可以体现在产品的成本之上,包含从再制造厂商购入的再制造产品的价格,为促进销售给予的优惠价格等。由图 2-4 可知,再制造产品销售环节的最优成本策略是由不同产品共同决定的,由于不同产品的销售策略可以独立决策,再制造销售环节的成本是不同策略的策略组合。

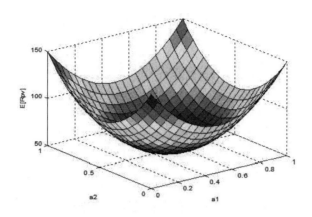

图 2‑4　再制造产品销售厂商不同策略下的成本变化

　　废旧电子产品的回收环节与再制造产品销售环节的分析过程相类似,而再制造产品生产策略的分析不同,制定的产品质量等级之间存在制约,这使再制造策略与回收策略和销售策略的分析存在差异。为简化分析本章考虑两种质量级别的存在,则成本构成由两种不同级别的产品共同影响。假定转让产品的收入是一定的,其效益的多少取决于成本的多少,其中 $P_{i2}=3$,$Q_i=10(i=1,2)$,其某一类产品的比例为 β,则另一种产品的比例为 $(1-\beta)$,它们的成本分别为 $(2-\beta)$ 和 $(3+\beta)$,其他固定成本为 $C_0''(\sum Q_i')=25$。则期望效益可以简化为:

$$E[Rem]=60-[\beta(2-\beta)+(1-\beta)(1+\beta)]*10-25 \qquad (2-25)$$

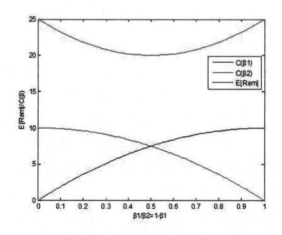

图 2‑5　再制造产品生产厂商的期望效益和成本曲线图

可得出此时随着 β 变化的再制造产品生产商的期望效益和不同类型产品生产的成本变化曲线,如图 2 - 5 所示。

可知,再制造产品生产环节的策略制定可以单独地考虑其成本的约束,这是基于再制造产品需求条件下的,此时再制造产品的价格和数量一定,其策略的制定取决于成本的最低。在不同的策略制定下,用于生产不同类型再制造产品的废旧电子产品数量和质量差异的存在使得成本发生变化,这就导致总成本的变化,在最优的策略下,再制造生产的总成本最低,这有利于实现最优的收入效益。

2.5.2　动态合作博弈情境下回收再制造企业效益分析

与静态多阶段的废旧电子产品回收模式不同,动态合作博弈下的废旧电子产品回收模式考虑的是多期的市场需求的预测,从而制定废旧电子产品回收、再制造及销售策略。因此,在进行动态情境下的废旧电子产品回收策略研究时,需要再制造产品需求的动态变化曲线。为简化分析,同样考虑两种类型的再制造产品需求,假定初始需求为 $Q^t = [10 + \sin t, 8 + \cos t]$,再制造产品的市场价格分别为 $P = [20, 15]$。则再制造产品需求的变化曲线可以简单地表示如图 2 - 6 所示:

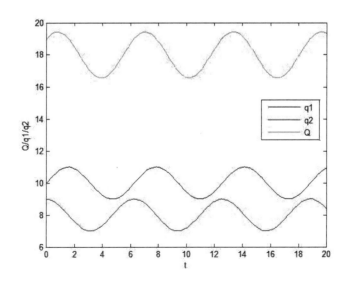

图 2 - 6　再制造产品需求随不同阶段的变化

继续假定再制造生产环节的策略制定为 β，即表示第一类产品在所有废旧电子产品中所占的比例，也可以是划分质量等级后这类废旧电子产品的比例。则两种不同类型产品的成本可以表示为 $(4-\beta)$ 和 $(3+\beta)$，再制造过程的成本可以表示为：

$$C[Rem] = (4-\beta)(1+\beta)Q^{t+1} + (3+\beta)(2-\beta)Q^{t+1} \qquad (2-26)$$

同理可以对废旧电子产品回收环节进行相同的分析，假定回收策略为 α，即表示采用某种回收渠道的回收产品数量比例，则回收环节的成本可以表示为：

$$C[Rec] = (3-\alpha)\alpha Q^{t+2} + (2+\alpha)(1-\alpha)Q^{t+2} \qquad (2-27)$$

则再制造企业和回收企业的效益可以表示为：

$$E[Rem\&Rec]^t = PQ^t - [(4-\beta)(1+\beta)Q^{t+1} + (3+\beta)(2-\beta)Q^{t+1}]$$
$$- [(3-\alpha)\alpha Q^{t+2} + (3+\alpha)(1-\alpha)Q^{t+2}] \qquad (2-28)$$

假定 $t=10$，则可以模拟出不同策略决策下的效益变化，如图 2-7 所示。

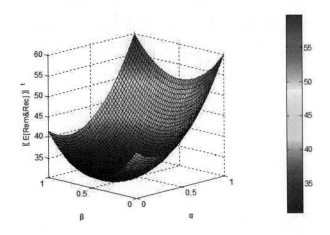

图 2-7 再制造企业和回收企业的效益随不同阶段策略的影响

随着周期 t 的变化，可以进一步得出不同时期回收企业和再制造企业的效益变化曲线。如图 2-7 所示，表示随着时间的变化不同产品的数量变化所带来的回收企业和再制造企业效益的变化，由于概率矩阵的变化使得最终的效益趋于稳定，这与实际不完全相符，这是由于所预测的周期变长后导致预测的不准确和出现误差,因此,在一定的时期内采用这个方式是可以实现回收企业和再制造企业效益的。

在这里通过对不同阶段的策略组合下回收企业和再制造企业效益变化的分析,可以对模型进行检验:模型可以较好地为回收企业和再制造企业的策略决策提供帮助,这可以通过对不同策略下的成本最优来进行求解。

在进行模型构建和分析时,模型中考虑的变量及相应的产品需求模型和产品回收模型未能有更为具体详细的展示,这使得模型只能简单地表示出不同情境下的效益变化,进一步的研究需要更明确的模型来预测需求。

本章以废旧电子产品回收再利用为主要研究对象,从市场上的再制造产品需求角度出发,通过对闭环供应链中不同参与方的行为分析来构建优化的废旧电子产品回收策略决策模型,并通过算例分析来讨论不同决策组合下的参与方的效益变化,从而为废旧电子产品回收企业和再制造企业的策略决策提供依据。

本章将整个闭环供应链体系分为三个环节和四个参与方,分别构建了静态多阶段的废旧电子产品回收模式和动态合作博弈下的废旧电子产品回收模式。结合已有的废旧电子产品回收再利用研究,可以得出以下结论:

(1)当以市场上的再制造产品需求为主要目标构建废旧电子产品回收模式时,回收企业和再制造企业的策略决策可以通过实现最优的成本组合来提升效益,因此构建成本约束模型满足企业制定策略的要求。

(2)无论是静态还是动态下的废旧电子产品回收模式的策略决策分析都是不同阶段的策略组合,各个阶段可以单独决策和分析,并且各个阶段存在且可能不唯一的最优策略,这取决于所构建的决策模型。

(3)静态多阶段下的废旧电子产品回收模式各个阶段的策略决策都是以相同的再制造产品需求为基础的;而动态合作博弈下的废旧电子产品回收模式各个阶段的策略决策是以多期的再制造产品需求预测为基础的。

(4)静态多阶段下实现各个环节的成本最优是实现各个环节参与方的最优策略组合,但动态合作博弈下的各个环节成本最优只实现了某一环节的最优,所有的成本最优实现了回收企业和再制造企业的效益最优。

本章与传统的从回收端出发的废旧电子产品回收再利用研究不同,当从需求角度出发时,回收企业和再制造企业的策略制定受回收的时间和数量不确定性的影响减弱。本章构建的模型极尽可能地符合实际的情况和要求,但由于个人能力的有限,未能考虑更多的情况,同时构建的策略决策模型未能考虑产品需求预测的真实变化情况。未来的研究可以进一步对不同阶段的策略决策模型进行优化,同时将各个阶段的策略决策联系起来,形成一条贯穿闭环供应链的废旧电子产品回收模式模型。

第3章
基于环境治理视角的废旧电子产品回收模式构建

　　面对数量如此巨大的报废、遗弃电子产品及其所带来的资源浪费和环境污染的影响,我国废旧电子产品的回收再制造任务十分艰巨。目前,我国主要集中力量解决的是废旧电子产品回收过程中的资源回收利用以及环境改善和保护两大问题,从电子产品的绿色设计开始,将环境质量作为重要考察指标渗透至电子产品闭环供应链系统的整个链条。

　　为了规范废旧电子产品回收处理过程,节约资源和保护环境,2007 年国家环境保护总局发布的《电子废物污染环境防治管理办法》分别从废旧电子产品拆解利用处置的监督管理、相关方责任、不合理回收导致环境破坏的相关惩罚措施等方面规定了防治废旧电子产品环境污染的各项办法。2011 年我国正式出台了《废弃电器电子产品回收处理管理条例》,条例规定:处理废弃电器电子产品,应当符合国家对于资源、环境、安全和人体健康的要求,处理过程中应进行环境监测和数据记录,同时,废旧电子产品的运输和储存等环节也应当遵守国家对于环境保护的相关规定,着力降低各个环节的环境危害。2016 年,工信部和财政部大力推进绿色制造,将构建产品全生命周期绿色供应链纳入绿色制造管理体系中。因此,在绿色回收与再制造,提升环境质量的新要求、新政策的号召下,需要政府和企业从环境治理的角度来转变废旧电子产品的回收再制造策略,强化技术驱动,实现资源循环使用、环境保护的转型发展,使废旧电子产品的回收再制造更加适应市场化经济的发展,从而在实现资源回收和环境保护的双重效益下,进一步促进回收再制造产业链的可持续发展。电子产品自生产至使用价值用尽变为废旧电子产品,若将其任意丢弃会对生态环境和居民健康产生巨大危害。

本章首先分析电子产品闭环供应链系统中各阶段参与方间的利益关系,基于此,从政府环境治理要求以及消费者绿色环保再制造偏好约束出发,构建环境治理约束下废旧电子产品的回收再制造决策模型,为政府、制造商、零售商等决策主体提供新的关于废旧电子产品回收、再制造的决策思路和依据,同时探讨不同情形下的决策结果和意义。

3.1　废旧电子产品回收再制造过程研究范围界定

3.1.1　废旧电子产品回收再制造的参与方

基于环境治理视角的废旧电子产品回收再制造闭环供应链系统中,政府、制造商、零售商、消费者作为主要的参与方,其他利益方的影响作为控制变量和约束变量,分析环境治理约束下废旧电子产品的回收再制造过程。其中,废旧电子产品的主要回收渠道选择的是零售商利用自身的销售网点进行回收。

制造商是闭环供应链中的核心企业,也是保证电子产品从生产、使用到回收、再制造系统正常运行的重要群体。消费者不断产生对电子产品的使用需求,制造商则会提前根据自身对于市场需求的预测进行电子产品的生产,同时,当零售商将回收的废旧电子产品转移给制造商时,制造商进行绿色的回收再制造工作就实现了将无法使用的废旧电子产品转变为具有使用价值的再制造产品。因此,制造商的生产再制造活动对于电子产品整个生命周期的管理具有重要的支持作用,对于提高废旧电子产品的使用率和再制造率、满足不同消费者的需求至关重要。

零售商主要负责的是废旧电子产品的回收和新电子产品、再制造电子产品的销售,其不仅关注新产品销量的增长,也会尽可能提高废旧电子产品的回收量以实现自身利润的增长。作为回收企业,零售商的回收行为能够促进废旧电子产品在整个逆向供应链中的流动,保证回收的产品能够进入到制造商的绿色再制造环节。

消费者为制造商提供了再制造电子产品生产的原材料,其是否愿意放弃手中持有的废旧电子产品是影响整个闭环供应链系统运行的关键。由于废旧电子产品的废弃所导致的环境污染加剧使得消费者的环保意识不断提升,越来越多的消费者在得到一定补偿时便愿意放弃手中的废旧电子产品,使其参与到回收再制造环节,并且还有一部分消费者甚至愿意无条件放弃手中的废旧产品来践行"环保从自身做起"的号召。同时,消费者作为服务对象和购买对象,购买制造商所生产的绿色电子产品和经过回收、再资源化处理的再制造电子产品,以及担任环境治理引导下整个电子产品生命周期的口碑传播者和产品质量提升的发出者,对于改善环境质量、节约资源发挥了重要的作用。

政府在整个闭环供应链系统中主要起的是监督和规制作用,其环境治理约束来源于消费者对于环保消费的需求,因此主要负责完善制造商生产制造的相关体系制度,加强法规建设、行业技术标准以及监管制度,需要根据实际情况对生产回收企业进行环保政策约束,并积极参与到决策当中。同时,政府在废旧电子产品回收再制造的监管过程中,也需要进行废旧电子产品绿色回收再制造的宣传工作,增强消费者环保意识,从而进一步提高废旧电子产品回收效率,降低环境污染。

面对当前环境与资源的严峻形势,我国政府和电子产品的消费者作为电子产品闭环供应链系统的两个终端,各自采取了一定的方式来改善由于废旧电子产品所带来的种种问题。

一方面,我国政府自 2012 年起向电器电子产品的生产者按季度征收基金,同时将相关基金用于废旧电器电子产品的回收再制造费用补贴,这表明,在电子产品生产和回收再制造的过程中,政府等相关部门已经利用政策手段进行干预,目的是想要进一步规范电子产品的生产制造行为,同时加强回收利用工作,从生产源头遏制电子产品的环境污染问题。

另一方面,消费者出于对产品环境影响以及自身健康的考虑,越来越倾向于产品设计、生产、回收过程绿色环保的再制造电子产品。20 世纪 80 年代以来,经过实证研究及现实实践的检验发现,企业自身所投入的改善环境的行为并不一定会降低企业的收入水平。同时,已有研究证明消费者对产品的选择影响着企业的行为,进而影响着企业的利润分配。可持续和循环经济已经成为一个渗透人们日常生活的流行词,越来越多的消费者正在考虑购买环保型产品。由于再制造产品的外形、效用和性能等与新产品并无太大差别,因此关注环境的绿色消费者们更愿意为可持续产品付费。

综上而言,基于环境治理视角而开展的电子产品闭环供应链建设,离不开政策的发出者、目标的践行者、实践的检验者等众多参与方,并且,各参与方的行为对于供应链的发展和环境治理目标的实现皆具有重要的影响。

3.1.2　废旧电子产品回收再制造的过程

基于环境治理视角的废旧电子产品回收再制造系统的过程分析,是研究政府环境治理政策和消费者对于绿色再制造品偏好约束下电子产品闭环供应链最优策略的重要环节,该实施框架以政府为主导,其主要参与者为制造商、零售商、消费者等,各个参与方之间存在直接或间接的利益关系。制造商和零售商均是风险中性并且进行理性决策的利益主体,其动机都是追求自身利益最大化。

基于政府和消费者环境治理的要求和约束,在闭环供应链的第一个阶段,也即正向供应链中,制造商主要负责从闭环供应链的源头,即起始点领导进行电子产品的生产,并以批发价将产品销售给零售商,零售商主要进行电子产品的销售,以零售价将产品销售给消费者;逆向供应链中,消费者作为废旧电子产品的持有者,由零售商负责以一定的回收价格从消费者手中回收废旧电子产品,制造商再以回购价格购回零售商回收的废旧产品。闭环供应链的第二个阶段,制造商有选择性地对回收的废旧电子产品进行绿色再制造,同时向零售商提供新产品和再制造产品,零售商再向消费者进行两种电子产品的销售,从而构成了完整的闭环系统,如图3-1所示。

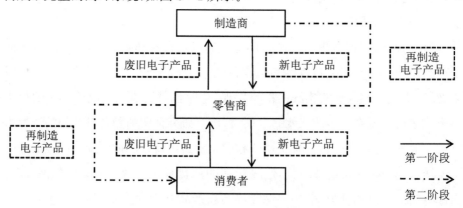

图3-1　废旧电子产品闭环供应链系统结构

从环境治理视角出发的电子产品闭环供应链系统运作过程中,电子产品的生产制造、在供应链中的正向流动和再制造都离不开制造商,制造商是逆向供应链中的核心企业,主要负责对零售商回收的废旧电子产品进行环保再制造,以降低废旧电子产品对于环境的污染和资源的浪费,同时也可以降低生产成本。制造商进行再制造的原材料来源主要是从零售商手中回购的废旧电子产品。

零售商作为销售和回收的主力,同样具有重要作用。由零售商进行回收,避免了制造商既要生产制造又要进行市场回收的繁琐工作,可以提高零售商回收工作的专业性以及提高制造商绿色再制造技术的竞争力,使其专注于电子产品的生产和废旧电子产品的绿色再制造,对于环境质量的改变以及满足消费者的绿色需求具有重要意义。

总之,从环境治理目的出发,合规化、绿色化的废旧电子产品回收再制造处理过程能够有助于减少资源的消耗及浪费,实现生态环境可持续发展,同时也能够提升企业的社会形象,提高企业利润,促进电子产品行业的科技发展和进步。

3.2　废旧电子产品回收再制造的环境污染分析

3.2.1　回收过程的环境污染分析

作为各类资源的综合体,废旧电子产品中蕴含着许多珍贵的能源,废旧电子产品的回收、再制造是解决资源短缺以及环境污染等问题的关键途径。通过废旧电子产品的回收,不仅可以变废为宝,还可以改善居民生活环境,减少废旧电子产品不当处置所造成的环境污染。

不规范的回收行为对于环境具有很强的负外部性,会导致许多环境问题,从而引起社会各方的矛盾,而将回收过程正规化则可以将废旧电子产品回收的环境影响控制在合理的范围内,以促进废旧电子产品的规模处理,降低废旧电子产品的环境代价。

中国一直保有"修旧利废"的优良传统,在废旧电器电子产品的回收处理上尤为体现。由于电器电子产品结束整个生命周期后还具有一定的材料价值,故其仍然作为一种商品在市场上进行交易。目前我国废旧电器和电子产品回收行业的发展历程可以划分为四大阶段,如图 3-2 所示。第一个阶段是 2009 年以前市场经济下,个体回收户为主的废旧资源回收形式。在利益的驱使下,我国自发形成了各路废旧电子产品的回收大军,主要的参与者有传统的供销社/物资回收企业、家电销售商"以旧换新"、搬家公司、售后服务站或维修站等;第二个阶段是 2009 至 2011 年在家电"以旧换新"政策引导下以零售商和制造商为主的家电以旧换新回收+政府补贴回收模式;第三个阶段是 2012 至 2015 年颁布《条例》和实行基金制度后,以个体回收为主的传统再生资源回收模式;第四个阶段则是 2016 年以后,个体回收与创新回收协同发展。创新回收模式主要包括"互联网+"回收、两网融合发展、新型交易平台、智能回收模式等。同时,自 2016 年起,国务院发布了"EPR 制度推行方案",并且把电器电子产品作为首批实施 EPR 的行业。

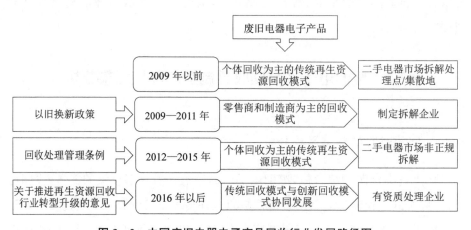

图 3-2 中国废旧电器电子产品回收行业发展路径图

通过对我国废旧电子产品处理企业的调研发现,自实施废旧电子产品的回收以来,虽然我国回收处理行业的总体资源化利用水平还不是很高,但是越来越多的回收企业开始关注到回收产物的深度加工,尤其是废旧塑料等材料的深加工和进一步利用。

根据 2017 年中国家用电器研究院和中国再生资源回收利用协会废弃电器

电子产品分会公布的行业数据显示,我国获得废旧电子产品回收处理资质的企业在 2017 年回收处理的产品约为 7 900 万台,总重量达 170.25 万吨,经测算,在废旧电子产品的回收过程中,共回收了 37.2 万吨铁、4.3 万吨铜、8.1 万吨铝、40.5 万吨塑料。同时,废旧电子产品的规范化回收处理减少了对环境的危害,尤其是对环境危害比较大的印刷电路板和含有铅玻璃的元件的环境效益最为显著,并且,对于废旧电冰箱和空调器的规范化回收处理也进一步减少了温室气体的排放,极大地减少了不规范回收所带来的环境污染。

3.2.2　再制造过程的环境污染分析

废旧电子产品的再制造处理环节是变废为用的关键环节,企业在回收废旧电器和电子产品后需要经过分类、拆解、组装、再制造等环节。到目前为止,我国的废旧电器电子产品再制造处理行业的发展已经有十余年的历史,主要经历了四个阶段,如图 3-3 所示。

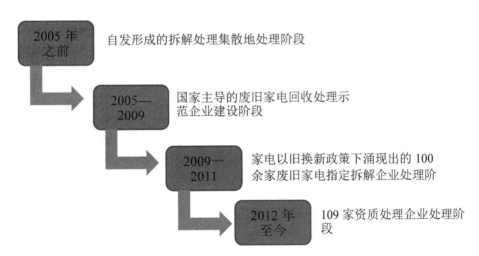

2005 年之前　自发形成的拆解处理集散地处理阶段

2005—2009　国家主导的废旧家电回收处理示范企业建设阶段

2009—2011　家电以旧换新政策下涌现出的 100 余家废旧家电指定拆解企业处理阶

2012 年至今　109 家资质处理企业处理阶段

图 3-3　中国废旧电器电子产品处理行业发展路径图

经回收过后的废旧电子产品一般都需要经过处理再进入再制造环节,而处理废旧电子产品是一项专业性强且技术含量高的工作,我国不规范的小拆解作坊大都是通过强酸性溶液来溶解并提取废旧电子产品中的贵金属,废液和废渣往往不经任何的处理就直接排放到土壤河流中。因此,在其财富迅速累积的过程中,大量有毒有害的物质也源源不断地释放到人们日常生活的环境中,造成了极大的安全隐患。

近年来,在国务院发布的《废弃电器电子产品回收处理管理条例》以及配套政策的驱动下,我国规范化的废旧电子产品再制造处理行业也得到了稳定的发展,多渠道绿色化的回收体系也在逐步实现和完善中,不管是管理制度的出台,还是资源回收利用、节能减排、污染预防、环境可持续发展等方面都取得了明显的进步。根据2017年中国废旧电器电子产品行业白皮书的调查显示,生产企业对回收的废旧电子产品进行绿色再制造有利于推进废旧电子产品的绿色回收,能够促进电子产品全生命周期绿色供应链的实现。

总之,基于当前电子产品废弃以及不规范的回收处理过程对于环境所造成的恶劣影响,本章选择从环境治理的视角对废旧电子产品的回收再制造过程进行规制和约束,这样不仅可以带来环境质量的改善,也能够创造更多的经济效益和社会效益。

3.3 废旧电子产品回收再制造参与方之间的关系

在废旧电子产品回收再制造闭环供应链中,重点分析由于政府和消费者设立环境治理约束后对制造商和零售商关于价格、产量以及为达到环境治理目的所付出的环境改善程度等决策的影响。基于上文分析,将环境治理约束下的废旧电子产品回收再制造供应链系统划分为两大阶段、五类主要参与方进行各阶段参与方间关系的分析。

3.3.1 闭环供应链系统第一阶段关系

闭环供应链系统的第一阶段主要包含了新产品批发、零售、购买、回收四个环节。假设第一阶段只有新产品的销售,因此不存在绿色再制造电子产品与新产品之间的竞争关系,故在本阶段的关系主要体现在制造商和零售商以及消费者的讨价还价行为方面。

第一是新产品制造完成,制造商以批发价格售卖给零售商环节。在这个过程中,制造商根据市场需求的预测进行新电子产品的生产制造,本着降低成本和自身利益最大化的原则来制定电子产品的批发价格。零售商作为零售和回收两大重要环节的主要实施者,其面向的是电子产品的直接受众群体,因此制定一个合适的零售价格对于提升消费者满意度,增加回购数量十分重要。零售商在进行零售价格决策时,同样想要尽可能降低投入,提高收益,所以制造商和零售商会进行长远性的讨价还价博弈行为,以寻求一个双方都能接受的价格平衡点,也即稳定利润点。

第二是零售商进行新产品的销售环节。零售商在进行决策时是一个与上下游两方同时博弈的过程,所以零售商会根据市场需求和批发价格合理斟酌零售价格,而此时影响消费者购买决定的一是品牌、性能等,二是电子产品的售价,因此零售商在初始制造企业品牌选定的前提下,制定一个大部分消费者所能接受的价格尤为重要,因此会存在零售商与电子产品消费者之间的讨价还价博弈。随着市场经济发展,零售商也会与消费者制定一个双方接受的零售价格点,促使电子产品市场稳定运行。

第三是零售商进行废旧电子产品的回收环节。此时,电子产品已经不再具有使用价值,对于废旧电子产品的持有者而言,他们可以选择将其留置手中或交给零售商进行回收再制造,而零售商此时需要做的就是和消费者进行回收价格博弈,以尽可能地回收到更多的电子产品交与制造商进行再制造,从而赚取回收费用,提高自身收益。在此阶段,零售商的目的是压低回收价格,并且寻求更多愿意无偿交付废旧电子产品的消费者,而消费者则是想要提高回收价格获得一定收益,因此就产生了消费者与零售商之间的价格博弈,此价格会介于消费者所期望的最低回收价格和零售商期望的最高回收价格之间,而最终的成交价格则取决于市场回收数量。

第四是制造商从零售商的手中回收废旧电子产品环节。制造商选择回收再制造是企业社会责任的体现,有利于提高制造企业本身以及产品的品牌形象,从而赢得消费者的青睐与认可。因此在本阶段制造商的绿色形象与回收效益并重,制造企业会在保证回收数量的基础上尽可能选择零售商所能接受的最低转移价格,而零售商则会通过讨价还价提高转移价格,故本阶段依然产生的是价格博弈,通过协商会形成一个双方都能接受的价格区间,最终价格决策的制定则取决于制造商与零售商的成交数量。

3.3.2 闭环供应链系统第二阶段关系

电子产品回收再制造闭环供应链的第二阶段主要围绕制造商依据环境治理约束对回收的废旧电子产品进行绿色再制造以及继续生产新产品,零售商向消费者同时售卖新产品和绿色再制造电子产品。本阶段将其划分为绿色再制造产品与新产品生产、批发、零售三个环节。

第一是制造商进行环保再制造电子产品和新产品的生产环节。由于在此环节只涉及制造商一个参与方,无法形成两参与方的博弈,但存在另一种生产新产品与再制造产品之间的竞争博弈关系。市场上的消费者可以划分为两大类型,一种是普通型消费者,另一种是绿色环保的消费者,其对于两种类型的电子产品的需求是不同的。所以,制造商需要进行充分的市场调研和消费者需求分析,同时需要权衡满足政府与消费者的环境治理约束所要付出的环境改善成本能否使自己受益,因此在本环节存在新产品与环保再制造产品间的生产数量博弈,制造商此时需要考虑的是使环境效益和经济效益同时达到最大化。

第二是电子产品批发环节。本章假设新产品和绿色再制造的电子产品在使用体验和销售价格上没有差异,因此本环节零售商需要对市场进行一定的划分和预测,从而决定批发的新产品和绿色再制造电子产品的数量,以满足不同消费者的需求。除此之外,本阶段与第一阶段的批发环节博弈关系相同,制造商和零售商进行批发价格博弈,双方取得价格均衡点获取最大化利润。

第三是电子产品的销售环节。本环节的零售商手中持有两类电子产品,其目的就是尽可能多地销售电子产品进而实现电子产品的使用价值并获取利润。由市场供需理论可知,在市场经济条件下实现供需平衡时更利于实现供需两方的帕累托最优,由于绿色再制造电子产品更加符合政府倡议和消费者绿色消费倾向,因此制造商和零售商会在保持产品销量的基础上向绿色再制造电子产品倾斜,这有利于实现供应链的绿色化运行。同时,由于产品的无差别化假设,消费者和零售商依然会进行零售价格博弈,最终结果取决于绿色再制造电子产品和新电子产品的需求数量。

综上而言,各参与方之间的博弈关系是进行环境治理视角下的废旧电子产品回收再制造博弈决策模型构建的基础,梳理清晰各方利益关系有利于进一步根据环境治理约束进行价格数量决策,从而取得电子产品闭环供应链环境效益、经济效益与社会效益的多重均衡。

3.4　环境治理的回收再制造决策模型思路及假设

3.4.1　模型基本思路

在环境治理的政策和约束下,政府规定制造企业需对废旧电子产品进行回收和再制造,同时政府也会针对企业回收再制造的废旧电子产品的数量进行一定的环境改善补贴,并且对新生产的电子产品征收生产基金,以此来规制制造商的生产和再制造行为,降低电子产品的环境污染。基于已有的废旧电子产品回收策略以及闭环供应链管理的相关研究,本章主要从制造商、零售商集中决策和分散决策的两种情况考虑环境治理视角下废旧电子产品闭环供应链的运作情况。

首先是集中决策模型,在环境治理约束下将制造商和零售商看作是一个整体,二者以闭环供应链的整体利润最大化为最终目标进行合作决策。此时,制造商可以借助零售商直接接触消费者的市场推广能力,共同协商,不仅能够降低运作成本,同时还能够提升电子产品的绿色环保品牌效应;而零售商则可借助制造商的品牌能力进一步扩大自身的市场竞争力,提高闭环供应链的整体效率,促进企业的绿色社会责任延伸。

其次是基于 Stackelberg 博弈理论和模型建立制造商和零售商的分散决策博弈模型,旨在对闭环供应链中两个阶段的变量进行优化,包括两个阶段的单位产品零售价格、批发价格、回收量以及环境质量改善率等。不同于集中决策,制造商和零售商分别是 Stackelberg 博弈中的领导者和追随者,成员之间进行独立决策并且其最优决策是最大化自身利润。由于制造商是领导者,因此可以首先确定电子产品的批发价格和废旧电子产品的回收价格,而零售商作为追随者,需要根据制造商制定的策略信息来制定自己的零售价格以及从消费者手中回收得到的废旧电子产品的市场回收价格。因此,制造商在确定自己的最终策略时,必须要考虑到零售商可能采取的策略以及其策略可能对自己产生的影响。

制造商和零售商都会在两阶段的博弈模型中做出决策,电子产品在整个生命周期中只能使用一次,可经过回收进行再制造重新投入市场。在第一个阶段,只有新产品通过制造商向零售商出售,零售商再以市场价格售卖给消费者,而在第二阶段,市场上的电子产品共有两种类型,即新产品和再制造产品。零售商负责回收的闭环供应链运作模式如图 3-4 所示。

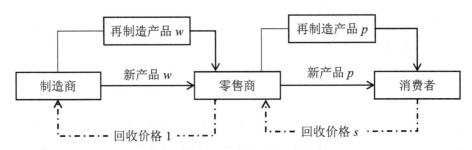

图 3-4 零售商回收模式的闭环供应链模型

因此,本章在已有研究的基础上,从政府和消费者的环境治理约束探讨制造商和零售商的回收再制造行为,通过上述思路对闭环供应链的两个阶段各参与方之间的博弈关系进行优化,以改善环境质量为根本目的,同时实现电子产品的供需平衡,保证各方利益达到最优。

3.4.2 参量符号及含义

表 3-1 参量符号及含义

参量符号	含义
w	第一、二阶段单位新产品的批发价格
p	第一、二阶段单位新产品的零售价格
s	第二阶段零售商回收废旧电子产品的平均市场价格
l	第二阶段从零售商处回收废旧电子产品的单位转移价格
γ	消费者价格敏感系数,$\gamma>0$
σ	消费者回收价格敏感系数,$\sigma>0$

（续表）

参量符号	含义
c_1	第一、二阶段制造新产品的单位成本
c_2	第二阶段制造绿色再制造产品的单位成本
c_3	制造商绿色回收再制造的环境改善成本
δ	制造商环境改善成本系数，$\delta > 0$
g	绿色回收再制造所产生的环境质量改善率
k	消费者对于产品的环境敏感系数，$k > 0$
q_1^n	第一阶段对于新产品的需求量
q_2^n	第二阶段对于新产品的需求量
q_2^r	第二阶段对于再制造产品的需求量
a	潜在市场需求，$a > 0$
h	零售商对于废旧电子产品的回收量
b	消费者愿意无条件提供的废旧电子产品的数量，$b \geqslant 0$
α	政府对于生产单位电子产品的处理基金
β	政府对于单位绿色再制造产品的补贴额
π_M^i	制造商在第 i 阶段的利润，$i = 1, 2$，表示第一、二阶段
π_R^i	零售商在第 i 阶段的利润，$i = 1, 2$，表示第一、二阶段
π_D^i	闭环供应链在第 i 阶段的总利润，$i = 1, 2$，表示第一、二阶段

3.4.3　模型基本假设

在实际生活中，由于电子产品的种类繁多，并且回收再制造过程中内外部环境的复杂性，无法将所有影响因素都考虑其中，因此，在本章的研究中根据相关经济规律做出了如下逻辑假设，并对现实情境进行了一定的简化。

（1）假设制造商、零售商彼此之间信息是对称的，不存在信息隐瞒，即双方都清楚对方的成本、定价、策略等信息。

（2）进行电子产品的销售时，假设其市场需求量不仅取决于产品的价格，还受到消费者对于再制造产品环境保护偏好程度的影响，即消费者的电子产品环境敏感系数。

（3）假设制造商既可以使用新材料生产，也可以使用再生材料生产，新产品和再制造产品在质量和功能等方面完全相同，消费者对其的接受程度也相同，以相同价格进行销售。

（4）假设消费者的需求是线性的，是产品零售价格和环境质量改善率的函数，即 $q=a-\gamma p+kg$，电子产品的需求量与零售价格成负相关，与再制造产品的环境质量改善率成正相关。其中，a 表示潜在的市场需求，$a>0$，$\gamma>0$，$k>0$。

（5）假设零售商进行回收时，回收函数为线性，取决于回收价格和消费者对于减轻环境污染的意愿水平，用 b 表示，即当零售商制定的市场回收价格为 0 时，消费者愿意无条件提供的废旧电子产品的数量，σ 为消费者回收价格敏感系数，则零售商对于废旧电子产品的回收函数为 $h=\sigma s+b$，$b\geqslant 0$，$\sigma>0$。

（6）我国政策规定，"四机一脑"的制造商需要按照每台设备缴纳 7～13 元的处理基金，用于补贴废旧电子产品的回收处理企业，设制造商每台设备平均所需缴纳基金额为 α，假设政府根据环保回收再制造废旧电子产品的数量对制造商进行补贴，以激励制造商生产责任延伸，降低废旧电子产品的环境污染率，设其补贴额为 β，单位补贴额一般大于处理基金的征收额，即 $\beta>\alpha$。

（7）假设制造商基于消费者对于环境质量改善越来越敏感的现实环境，根据废旧电子产品的回收量等决定环保再制造电子产品的数量，从而使环境质量得到改善，环境质量改善率用 g 表示，制造商将通过吸引具有环保、绿色需求的消费者来减轻废旧电子产品的环境污染。同时，制造商为了提高环境改善率，需要付出一定的技术成本，参照高举红、韩红帅等的研究[64]，技术成本与投入成二次方关系，即环境改善成本 $c_3=\dfrac{\delta g^2}{2}$。

3.5　环境治理的回收再制造集中决策模型

根据闭环供应链的结构，本章从制造商、零售商集中决策和分散决策两种情况进行阐述，并针对模型求解结果和现实意义进行分析，为了简化计算，制造和零售的成本可以忽略不计。

在电子产品闭环供应链中，一般会有多个节点企业，各企业为了降低经营风险,提高产品和服务的品质,会选择与其他企业建立长期稳定的合作关系。本章所提出的集中决策模型指的是制造商和零售商进行合作的情形,在国家的环境治理政策号召和消费者环保再制造电子产品偏好的大环境下,整合协调各类资源,充分发挥各自的优势便具有重要意义。因此,由二者共同决定零售价格、市场回收价格、环境质量改善率等指标,以闭环供应链整体利益最大化为共同目标。根据上文所述的模型假设和符号含义可得:

第一、二阶段消费者对于新电子产品的需求为:

$$q_1^n = a - \gamma p \tag{3-1}$$

$$q_2^n = a - \gamma p \tag{3-2}$$

第二阶段消费者对于环保再制造电子产品的需求为:

$$q_2^r = a - \gamma p + kg \tag{3-3}$$

制造商为达到一定的环境改善率进行回收再制造,需要付出的环境改善成本为:

$$c_3 = \frac{\delta g^2}{2} \tag{3-4}$$

由于整个闭环供应链包含两个阶段,因此总利润由第一阶段的利润和第二阶段的利润相加构成,则环境治理视角的废旧电子产品回收再制造闭环供应链系统的利润函数为:

$$\pi_D = \pi_D^1 + \pi_D^2$$

$$= (p - c_1 - \alpha)q_1^n + (p - c_1 - \alpha)q_2^n + (p - c_2 + \beta)q_2^r - sh - c_3 \tag{3-5}$$

通过求解式(3-5)关于电子产品市场零售价格 p、回收价格 s 和环境质量改善率 g 的二阶导数,可以求得关于 p、g 和 s 的三阶海赛矩阵如下:

$$H = \begin{vmatrix} \frac{\partial^2 \pi_D}{\partial p^2} & \frac{\partial^2 \pi_D}{\partial p \partial g} & \frac{\partial^2 \pi_D}{\partial p \partial s} \\ \frac{\partial^2 \pi_D}{\partial g \partial p} & \frac{\partial^2 \pi_D}{\partial g^2} & \frac{\partial^2 \pi_D}{\partial g \partial s} \\ \frac{\partial^2 \pi_D}{\partial s \partial p} & \frac{\partial^2 \pi_D}{\partial s \partial g} & \frac{\partial^2 \pi_D}{\partial s^2} \end{vmatrix} = \begin{bmatrix} -6\gamma & k & 0 \\ k & -\delta & 0 \\ 0 & 0 & -2\sigma \end{bmatrix} \tag{3-6}$$

由该矩阵可知:其顺序主子式 $H_1 = -6\gamma < 0$,$H_3 = 2\sigma(k^2 - 6\gamma\delta)$,如果满足 $H_3 > 0$,则上述海赛矩阵是负定的,也就是说电子产品闭环供应链总的利润函数是关于产品零售价格 p、废旧电子产品市场回收价格 s 和环境质量改善率 g 的联合凹函数,模型存在最优解。由一阶最优条件可以得到集中决策模型的最优决策为:

$$p* = \frac{3a\delta - k^2(c_2 - \beta) + \gamma\delta(2c_1 + c_2 + 2\alpha - \beta)}{6\gamma\delta - k^2} \qquad (3-7)$$

$$g* = \frac{k[3a\delta - 2k^2(c_2 - \beta) + \gamma\delta(2c_1 - 5c_2 + 2\alpha + 5\beta)]}{6\gamma\delta^2 - k^2\delta} \qquad (3-8)$$

$$s* = -\frac{b}{2\sigma} \qquad (3-9)$$

3.6　环境治理的回收再制造分散决策模型

当制造商和零售商进行独立决策时,该博弈就成为两阶段完全信息动态博弈。动态寡头市场的产量博弈,称为斯坦克博格(Stackelberg)模型。假设存在 $n=2$ 个厂商生产同样的产品,厂商 i 的生产成本为 $C_i(q_i)$;当总产量为 Q 时,产品价格为 $P_d(Q)$;每个厂商的策略为产品生产数量;两个厂商相继行动,厂商 1 选择它的产量,厂商 2 在知晓厂商 1 已经选择的产量后选择自己的产量;厂商 i 的利润是 $q_iP_d(q_1 + q_2) - C_i(q_i)$。模型假设寡头市场中有制造商和零售商进行产量博弈,但制造商较强,零售商较弱,首先由较强的一方先选择产量,随后较弱的一方选择产量,并且后选择的厂商在选择时知道前者的选择,因此属于动态博弈问题。

基于环境治理视角进行废旧电子产品的回收再制造决策时,由于制造商是领导者,可优先做出决策,先决定第一、二阶段新产品和再制造电子产品的产量、价格等,零售商依据制造商的决策再决定电子产品的市场零售价格等。在求解时需要解出子博弈精炼纳什均衡,因此采用逆向归纳法首先求解出零售商的最优选择,其后再根据零售商的决策求解出制造商的最优选择,即得到分散决策闭环供应链中各阶段 Stackelberg 博弈模型的最优解。

此时,制造商的利润函数为:

$$\pi_M^D = \pi_M^1 + \pi_M^2$$

$$= (w - c_1 - \alpha)q_1^n - lh + (w - c_1 - \alpha)q_2^n + (w - c_2 + \beta)q_2^r - c_3 \qquad (3-10)$$

零售商的利润函数为：

$$\pi_R^D = \pi_R^1 + \pi_R^2$$

$$= (p-w)(q_1^n + q_2^n + q_2^r) + (l-s)h \qquad (3-11)$$

环境治理视角的废旧电子产品回收再制造闭环供应链的总利润为：

$$\pi_D = \pi_M^D + \pi_R^D$$

$$= (p-c_1-\alpha)(q_1^n + q_2^n) + (p-c_2+\beta)q_2^r - 2lh + sh - c_3 \qquad (3-12)$$

制造商出于自身利益的考虑，在决策时需要首先考虑到零售商的回收决策对自己所产生的影响，并根据零售商各类决策的可能性进行自身产品批发价格、回购价格等的决策，利用逆向归纳法求解的过程如下：

零售商首先确定新产品和再制造产品的市场零售价格 p 以及平均回收价格 s，以此最大化自身收益，通过求解零售商利润函数（3-11）关于 p 和 s 的一阶导数为：

$$\frac{\partial \pi_R^D}{\partial p} = 3a - 6\gamma p + kg + 3w\gamma \qquad (3-13)$$

$$\frac{\partial \pi_R^D}{\partial s} = l\sigma - 2\sigma s - b \qquad (3-14)$$

令一阶导数等于零，可得：

$$p* = \frac{3a + kg + 3w\gamma}{6\gamma} \qquad (3-15)$$

$$s* = \frac{l\sigma - b}{2\sigma} \qquad (3-16)$$

制造商根据零售商的零售价格 p 和市场回收价格 s 再进行新产品、再制造电子产品的批发价格 w、从零售商处回收废旧电子产品的单位转移价格 l 以及环境质量改善率 g 的决策。因此，将 $p*$ 和 $s*$ 代入制造商的利润函数中，并利用一阶条件，令 $\frac{\partial \pi_M^D}{\pi_w} = 0, \frac{\partial \pi_M^D}{\pi_g} = 0, \frac{\partial \pi_M^D}{\pi_l} = 0$，可以得到：

$$w* = \frac{18a\delta + (2c_1 + 2\alpha - 5c_2 + 5\beta)k^2 + 6\delta\gamma(2c_1 + 2\alpha + c_2 - \beta)}{36\delta\gamma - 3k^2}$$

$$(3-17)$$

$$l* = -\frac{b}{12} \qquad (3-18)$$

$$g* = \frac{[3a + 2\gamma(2c_1 + 2\alpha - 5c_2 + 5\beta) + \gamma(2c_1 + 2\alpha + c_2 - \beta)]k}{12\delta\gamma - k^2}$$

$$(3-19)$$

在此基础上继续求解制造商关于新产品、再制造电子产品的批发价格 w、废旧电子产品单位转移价格 l 和环境质量改善率 g 的二阶导数，得到相关的海赛矩阵为：

$$H = \begin{bmatrix} \dfrac{\partial^2 \pi_M^D}{\partial w^2} & \dfrac{\partial^2 \pi_M^D}{\partial w \partial l} & \dfrac{\partial^2 \pi_M^D}{\partial w \partial g} \\ \dfrac{\partial^2 \pi_M^D}{\partial l \partial w} & \dfrac{\partial^2 \pi_M^D}{\partial l^2} & \dfrac{\partial^2 \pi_M^D}{\partial l \partial g} \\ \dfrac{\partial^2 \pi_M^D}{\partial g \partial w} & \dfrac{\partial^2 \pi_M^D}{\partial g \partial l} & \dfrac{\partial^2 \pi_M^D}{\partial g^2} \end{bmatrix} = \begin{bmatrix} -3\gamma & 0 & \dfrac{k}{2} \\ 0 & -\sigma & 0 \\ \dfrac{k}{2} & 0 & -\delta \end{bmatrix} \quad (3-20)$$

该矩阵为三阶矩阵，计算可得其顺序主子式 $H_3 = \sigma(\frac{k^2}{4} - 3\gamma\delta)$，如果满足 $H_3 > 0$，则上述海赛矩阵是负定的，也就是说制造商的利润函数是关于产品批发价格 w、废旧电子产品单位转移价格 l 和环境质量改善率 g 的联合凹函数，模型存在最优解，即当制造商的决策量取 $w*$、$l*$、$g*$ 时，可以获得最大利润。

由以上 $w*$、$l*$ 和 $g*$ 代入式(3-15)、式(3-16)可得：

$$p* = \frac{54a\delta^2 + (2c_1 + 2\alpha - 3c_2 + 3\beta)3k^2 + (84\delta\gamma^2 - 7\gamma k^2)(2c_1 + 2\alpha + c_2 - \beta)}{72\gamma\delta^2 - 6k^2\delta}$$

$$(3-21)$$

$$s* = -\frac{b(\sigma + 12)}{24\sigma} \qquad (3-22)$$

3.7　模型决策分析

根据电子产品闭环供应链集中决策和分散决策的结果，可以知道，在不同情况下，为满足政府环境政策以及消费者环保需求，制造商和零售商会做出不同的决策，目的是平衡好成本、利润以及环境之间的关系，分别从集中决策和分散决策两个不同角度对比废旧电子产品回收再制造系统中各变量与模型结果间的关系,能够为政府政策的制定提供一定的参考。

结论 3-1:在集中决策模型中,根据式(3-7)至式(3-9)所求得的最优零售价格、环境质量改善率和最优回收市场价格,通过求解可得:$\frac{\partial p}{\partial \alpha}>0$,$\frac{\partial p}{\partial \beta}<0$,$\frac{\partial g}{\partial \beta}>0$,$\frac{\partial g}{\partial \alpha}>0$,$\frac{\partial s}{\partial b}<0$,电子产品的最优零售价格与政府规定的生产单位电子产品处理基金征收额成正相关,与补贴额成负相关;制造商在闭环供应链第二阶段由于生产环保再制造电子产品所带来的环境质量改善率与政府对于单位环保再制造产品的补贴额和处理基金均成正相关关系;同时,废旧电子产品的市场回收价格与消费者愿意无条件提供废旧电子产品的数量成负相关关系。

结论 3-1 表明政府可以通过征收生产处理基金和补贴环保回收再制造来间接调整电子产品的市场价格以及生态环境改善的效果。并且,许多消费者意识到废旧电子产品不回收或者不规范回收会对生活环境产生巨大危害,出于环保意识的影响,越来越多的消费者愿意无条件地提供自己手中的废弃电子产品。根据模型的计算结果,此环保行为会影响到市场回收价格,因此,制造商和零售商通过建立合作关系,可以进一步宣传"变废为宝、合理回收"的理念,在降低回收成本的基础上又可以获得更多再制造的原材料,还能够通过环保消费者和使用者来减轻环境污染,提高材料的利用率。

结论 3-2:在分散决策模型中,根据式(3-17)和式(3-21)所求得的最优批发价格和最优零售价格,通过求解可得:$\frac{\partial w}{\partial a}>0$,$\frac{\partial p}{\partial a}>0$,$\frac{\partial w}{\partial c_1}>0$,$\frac{\partial p}{\partial c_1}>0$,故可知制造商的批发价格和零售商的零售价格与电子产品潜在的市场需求以及制造商新产品的制造成本均成正相关关系。

结论 3-2 表明了当电子产品潜在市场需求的规模逐渐增加,新产品和再制造产品的批发和零售价格也会随之提高,而制造商和零售商则通过提高价格获得更多的利润;另一方面,当制造成本增加时,制造商和零售商为了获得更多收益,会适当提高电子产品的价格,以保证自己的收益。

结论 3-3:在分散决策模型中,根据式(3-19)的求解结果,可以得到$\frac{\partial g}{\partial k}>0$,故可以得出制造商在第二阶段因绿色、环保的回收再制造所产生的环境质量改善率与消费者对于电子产品的环境敏感系数成正相关关系。同时,根据式(3－22)可得，$\frac{\partial s}{\partial b} < 0$，即废旧电子产品的市场回收价格与消费者愿意无条件提供废旧电子产品的数量成负相关关系。

结论3－3说明消费者对于电子产品的环保再制造偏好程度越大，就会激励制造商迎合消费者偏好，尽可能多地回收废旧电子产品并采用绿色环保的再制造技术进行再制造，所带来的结果就是环境质量得到进一步改善，因此，消费者的环境改善需求对于环保再制造是正向激励作用。而对于零售商来说，当消费者环境保护意识提高，愿意无条件提供的废旧电子产品数量就会增加，需要付出的回收成本就会降低。

结论3－4：在集中决策模型和分散决策模型中，第二阶段回收废旧电子产品的市场价格呈现如下趋势：

$$\Delta s* = -\frac{b}{2\sigma} - \left[-\frac{b(\sigma+12)}{24\sigma} \right] = \frac{b}{24} \geqslant 0 \qquad (3-23)$$

结论3－4表明相对于制造商和零售商独立决策，当二者进行合作决策时，废旧电子产品的市场回收价格会有所提高。这是由于独立决策情况下，制造商和零售商总是希望最大化自己的收益，因此零售商会不断压低市场回收价格以获取高额利润差，而相应地，制造商也会降低从零售商手中回收废旧电子产品的单位转移价格，进而获得总利润的增加。

同时，通过式(3－23)的比值可以发现，集中决策和独立决策情况相比，废旧电子产品的市场回收价格与消费者愿意无条件提供的废旧电子产品数量具有直接关系，当消费者愿意无偿提供的数量为0时，则集中决策和分散决策模型中的废旧电子产品回收市场价格具有相同结果，进一步说明了消费者的环保意识对于闭环供应链中制造商和零售商的价格决策起到至关重要的作用。

本章结合我国政府对于废旧电子产品回收处理基金的实际情况以及"绿色回收、环境保护"等战略实践，分析了在环境治理的大前提下，从电子产品生产、销售、使用到回收、再制造、再销售整个闭环供应链中主要参与者的决策过程，基于合作博弈和Stackelberg博弈方法建立了基于环境治理视角的废旧电子产品回收再制造集中决策模型和分散决策模型，并对各模型的结果进行了求解和分析。

首先，基于政府环境治理以及当前消费者对于环保再制造电子产品的偏好约束,制造商和零售商的行为决策以及各参与方之间的博弈关系,根据实际情况建立了基于环境治理视角的回收再制造集中决策和分散决策模型;其次,根据各决策模型,求解出了制造商和零售商的最优价格策略和回收行为策略;最后,依据求解结果,进行针对性分析,探讨了各决策与政府基金、补贴以及消费者环保偏好的关系。

通过第二节的求解结果可以知道,制造商和零售商的每个均衡策略都是以企业利润最大化为最终目标,而政府和消费者在二者策略制定的过程中担当了至关重要的作用,具体表现为:政府可以通过生产处理基金和环保回收再制造补贴来间接调整电子产品的市场价格以及生态环境改善的效果,而消费者则能够通过无条件提供手中的废旧电子产品或者购买绿色再制造产品等环保行为来影响到废旧电子产品的市场回收价格等决策。因此,从环境治理视角切入,探究在此约束下电子产品闭环供应链整个过程的决策行为具有非常重要的现实意义,同时,本节的研究也提供了进一步研究的思路和方法。

3.8　环境治理下废旧电子产品的回收再制造模拟决策分析

为了检验基于环境治理视角的废旧电子产品回收再制造决策模型的有效性和结果的准确性,本节设置相关数值算例并利用 Matlab 软件进行仿真验证。首先,求解了基于环境治理角度制造商和零售商进行回收再制造行为时各决策的具体值以及供应链利润;其次,分别验证在集中决策和分散决策时,当政府和消费者的环境治理变量发生变化,制造商和零售商将会采取何种决策,以及对比各决策所能带来的环境效益和经济效益,从而为政府等参与方的策略制定提供相关依据。

3.8.1　废旧电子产品回收再制造决策及效益分析

本节在参考一般情况下废旧电子产品回收再制造相关文献的基础上,结合本章所提的基本假设及变量之间的关系,对各变量进行假设赋值,具体参数如表 3 - 2 所示。

表 3 - 2　变量取值

变量	γ	σ	c_1	c_2	δ	k	a	b	α	β
取值	5	6	200	180	3000	50	1000	50	11	40

将以上参数值代入制造商、零售商集中决策和分散决策模型中可以分别得到模型中各变量的最优结果,如表 3 - 3 所示。

表 3 - 3　集中决策模型、分散决策模型的最优结果

模型结果	w	p	s	l	g	q_1^n	q_2^n	q_2^r	h	π_M^i	π_R^i	π_D^i
集中决策	—	195.2	−4.17	—	0.79	24	24	63.5	25	—	—	1914.82
分散决策	195.09	198.96	−6.25	−4.17	0.85	5.2	5.2	47.7	12.5	1430.70	250.85	1681.55

通过表 3 - 3 可以看出,基于环境治理约束的废旧电子产品回收再制造闭环供应链中,考虑两大主要参与方——制造商和零售商集中决策和分散决策的两种情况,首先分析电子产品最优价格、废旧电子产品回收价格和闭环供应链利润的变化。当制造商和零售商进行集中决策时,不仅可以使电子产品的需求量达到最高,同时回收价格和回收量也达到了最高,因此带来了双方各自取得最高利润的共赢情况。而相较于集中决策,由于两个阶段的制造商、零售商各自进行了独立决策,在正向供应链中二者都想尽可能提高电子产品的批发价格和零售价格,导致市场上电子产品的需求量降低。同时在逆向供应链中,由于回收价格和转移价格的降低,废旧电子产品的市场回收量也减少,由此带来分散决策时两阶段闭环供应链总利润低于集中决策。

其次考虑政府实施环境治理以及消费者的产品环保偏好约束,在分散决策时,制造商因环保回收再制造所产生的环境质量改善率会有所提升,由此导致改善环境的治理成本也相应提升,这是因为随着国家对于电子产品绿色生产再制造的重视,越来越多的制造商在决策时都会尽量将再制造电子产品的环境负

外部性降到最低,以此响应国家政策和满足绿色环保消费者的需求,因此在初期制造商会选择付出一定的环境质量改善成本以提高再制造电子产品的市场优势。

由此可见,从环境治理视角分析废旧电子产品闭环供应链的决策时,制造商和零售商进行合作利于实现闭环供应链的整体最优情况。接下来本章将在表 3-2 的基础上进一步分析集中决策和分散决策时政府两大政策变量,即实施的电子产品生产处理基金和环保回收再制造补贴基金额,以及消费者在闭环供应链第二阶段两种电子产品的环境敏感系数对于废旧电子产品回收再制造决策中各变量的最优值和总利润的影响程度,并根据计算结果为政府相关策略的制定提供一定参考。

3.8.2　集中决策的环境治理变量影响分析

首先验证制造商和零售商进行集中决策时电子产品单位生产处理基金 α 和环保回收再制造单位补贴基金 β 的变化对于模型中各最优策略的影响。本章假设参数 α 在 $0 \leqslant \alpha \leqslant 30$ 的范围内变化,参数 β 在 $0 \leqslant \beta \leqslant 160$ 的范围内变化,以闭环供应链中的电子产品销售价格 p、第一阶段对于新产品的需求量 q_1^n、环境质量改善率 g、第二阶段对于再制造产品的需求量 q_2^r 和闭环供应链总利润 π_D 为分析对象,探究制造商和零售商最优决策的变化趋势,数值的计算结果如表 3-4 和表 3-5 所示,各变量随 α 和 β 的变化趋势图 3-5 至图 3-6 所示。

表 3-4　政府改变电子产品单位生产处理基金 α 对于集中决策模式闭环供应链的影响

α	p	q_1^n	g	q_2^r	π_D
0	191.43	42.85	0.72	79.04	2 648.92
5	193.14	34.30	0.75	71.92	2 263.23
10	194.86	25.71	0.78	64.76	1 963.21
15	196.57	17.14	0.81	57.62	1 748.93
20	198.29	8.57	0.84	50.48	1 620.36
25	200.00	0	0.87	43.33	1 577.50
30	201.71	−8.57	0.90	36.19	1 620.36

表 3 - 5　政府改变电子产品单位补贴基金 β 对于集中决策模式闭环供应链的影响

β	p	q_1^n	g	q_2^r	π_D
0	200.91	-4.57	0.18	4.29	238.94
20	198.06	9.71	0.48	33.81	791.05
40	195.20	24.00	0.79	63.33	1 913.50
60	192.34	38.29	1.09	92.86	3 606.29
80	189.49	52.57	1.40	122.38	5 869.42
100	186.63	66.86	1.70	151.90	8 702.89
120	183.77	81.14	2.01	181.43	12 106.70
140	180.91	95.43	2.31	210.95	16 080.85
160	178.06	109.71	2.62	240.48	20 625.34

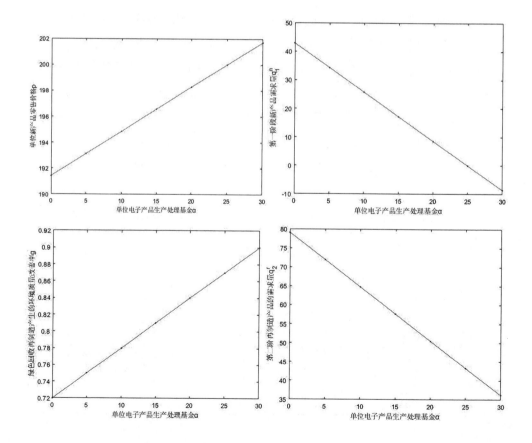

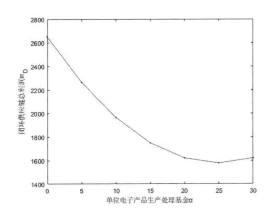

图 3 - 5　政府改变电子产品单位生产处理基金 α 各变量变化趋势

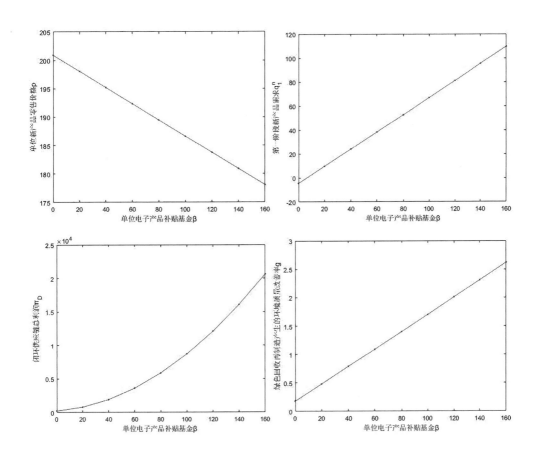

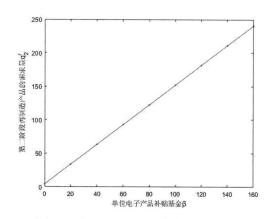

图 3-6　政府改变电子产品单位补贴基金 β 各变量变化趋势

根据表 3-4 和图 3-5 的结果,进一步表明了制造商和零售商集中决策的回收再制造闭环供应链中,第一、二阶段电子产品的零售价格以及第二阶段因绿色、环保回收再制造所产生的环境质量改变率都与政府设定的电子产品单位生产处理基金成正相关关系,即算例结果同上一章模型结论推导相一致。由于政府征收基金数额的增长,电子产品的销售价格提高,引起了消费者市场需求量的下降,同时,随着制造商环境质量改善率的提高,再制造成本进一步增加,同样引起了第二阶段再制造电子产品需求量的下降,由此导致闭环供应链整体利润呈现大幅减少趋势。因此,政府在征收电子产品生产处理基金时,须根据产品生产消费实际选择合适金额,使电子产品和再制造产品的供需达到平衡状态,同时,制造商和零售商也互利合作,使闭环供应链的总利润保持稳定。

表 3-5 和图 3-6 的结果表明,政府从环境治理的目的出发对制造商进行再制造电子产品生产的补贴,补贴额越高,电子产品的市场零售价格就越低,消费者对于新产品和再制造电子产品的市场需求自然也得到提高。同时,制造商环境质量改善率与政府补贴额成正相关关系,该补贴额可以进一步弥补制造商用于绿色回收再制造所付出的环境改善成本,故总体来说整个闭环供应链所获得的利润是随政府补贴额的增加而增加的。政府应根据电子产品市场的发展以及回收行业的现状积极对企业环保的再制造行为进行补贴,使企业能够在追求自身利益的同时又能减少对于环境的损害,实现二者协同发展。

因此,通过验证集中决策模型中政府的环境政策变量变化对于制造商和零售商决策的影响程度,可以进一步明确政府通过生产处理基金和绿色、环保回收再制造补贴对于电子产品的市场价格以及生态环境改善等的调解效果。

其次,验证消费者对于闭环供应链第二阶段两种电子产品的环境敏感程度 k 对于集中决策模型中各最优策略的影响作用。假设参数 k 在 $0 \leqslant k \leqslant 100$ 的范围内变化,依然以电子产品销售价格 p、第一阶段对于新产品的需求量 q_1^n、环境质量改善率 g、第二阶段对于再制造产品的需求量 q_2^r 和闭环供应链总利润 π_D 的变化量为分析对象,数值的计算结果如表 3-6 所示,各变量的变化趋势如图 3-7 所示。

表 3-6　消费者环境偏好 k 对于集中决策模式闭环供应链的影响

k	p	q_1^n	g	q_2^r	π_D
0	193.67	31.67	0	31.67	705.83
20	193.91	30.47	0.35	37.49	898.59
40	194.64	26.81	0.66	53.25	1 480.91
60	195.90	20.49	0.88	73.57	2 424.24
80	197.78	11.12	0.97	88.65	3 523.03
100	200.38	−1.88	0.85	82.71	4 064.37

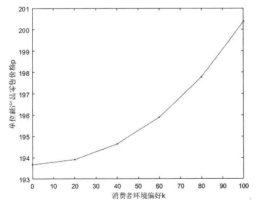
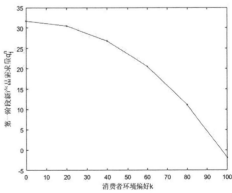

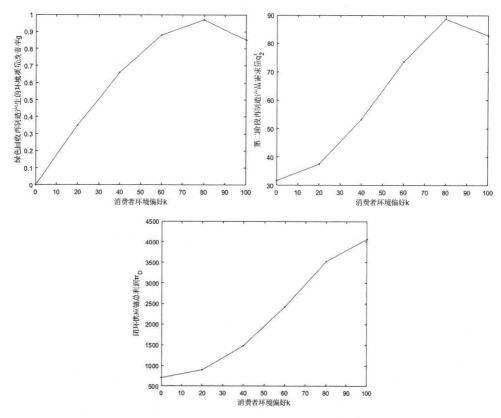

图 3-7 消费者改变环境敏感程度 k 各变量变化趋势

通过表 3-6 和图 3-7 可以看出,在集中决策模型中,当消费者的环境敏感程度增加时,新产品和再制造产品的零售价格会实现由慢到快的增长。消费者受到电子产品市场价格信号的影响,需求慢慢降低,在消费者环境敏感程度达到 100 时,消费者将不再购买新电子产品,转而购买对于环境更加友好的再制造电子产品。因此,在闭环供应链第二阶段消费者对于再制造电子产品的需求是随着环境偏好增加而增加的,并且在偏好为 80 时达到需求的最高值。另一方面,制造商为满足消费者环保偏好的增加,也会进一步提高环境质量改善率,当偏好达到 100 时,制造商需要付出的环境改善成本也会达到最高,但由于具有环保偏好的消费者对于再制造电子产品的偏好增加,再制造品的需求增长会远远超过新产品需求的减少,因此,闭环供应链总体利润是一直保持稳定增长的。

总的来说,上述结果验证了消费者的环境敏感程度与减轻废旧电子产品的环境危害之间是具有密切关系的,所以政府也可以从加大消费者的可持续性和绿色消费理念来提高其环保偏好,以此促进废旧电子产品的回收再制造行业发展以及环境质量的改善。

3.8.3　分散决策的环境治理变量影响分析

同上节,首先验证分散决策模型中政府政策变量,即电子产品单位生产处理基金 α 和环保回收再制造单位补贴基金 β 的变化对于各最优策略的影响程度。参数变化范围不变,不同的是,在分散决策模型中所需要探究的决策变量为电子产品批发价格 w、销售价格 p、第一阶段对于新产品的需求量 q_1^n、环境质量改善率 g、第二阶段对于再制造产品的需求量 q_2^r、制造商总利润 π_M^D、零售商总利润 π_R^D 以及闭环供应链总利润 π_D,数值的计算结果如表 3-7 和表 3-8 所示,各变量随 α 和 β 的变化趋势如图 3-8 和图 3-9 所示。

表 3-7　政府改变电子产品单位生产处理基金 α 对于分散决策模式闭环供应链的影响

α	W	p	q_1^n	g	q_2^r	π_M^D	π_R^D	π_D
0	191.27	196.90	15.49	0.76	53.52	1 657.76	502.10	2 159.85
5	193.00	197.84	10.80	0.80	50.94	1 526.30	376.76	1 903.06
10	194.74	198.78	6.10	0.85	48.36	1 441.80	270.53	1 712.32
15	196.48	199.72	1.41	0.89	45.77	1 404.24	183.41	1 587.65
20	198.22	200.66	−3.29	0.93	43.19	1 413.63	115.40	1 529.03
25	199.95	201.60	−7.98	0.97	40.61	1 469.97	66.50	1 536.47
30	201.69	202.54	−12.68	1.01	38.03	1 573.25	36.71	1 609.96

表 3-8　政府改变电子产品单位补贴基金 β 对于分散决策模式闭环供应链的影响

β	W	p	q_1^n	g	q_2^r	π_M^D	π_R^D	π_D
0	200.91	201.03	−5.16	0.35	12.16	230.53	26.22	256.75
20	198.00	200.00	0.00	0.60	30.00	652.13	86.00	738.13
40	195.09	198.97	5.16	0.85	47.84	1 430.53	251.58	1 682.10

（续表）

β	W	p	q_1^n	g	q_2^r	π_M^D	π_R^D	π_D
60	192.18	197.93	10.33	1.11	65.68	2 565.74	522.95	3 088.69
80	189.27	196.90	15.49	1.36	83.52	4 057.76	900.12	4 957.88
100	186.36	195.87	20.66	1.61	101.36	5 906.59	1 383.10	7 289.68
120	183.45	194.84	25.82	1.87	119.20	8 112.22	1 971.87	10 084.09
140	180.54	193.80	30.99	2.12	137.04	1 0674.66	2 666.44	13 341.10
160	177.62	192.77	36.15	2.37	154.88	13 593.91	3 466.81	17 060.72

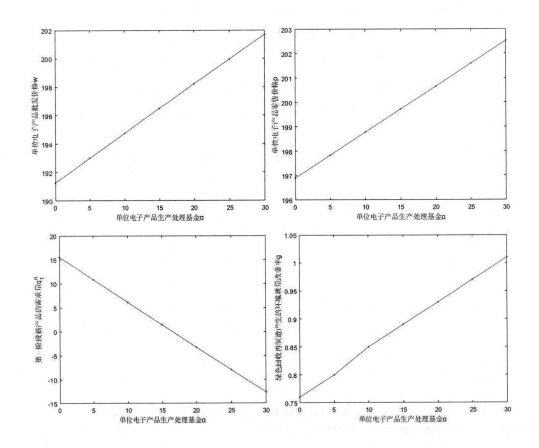

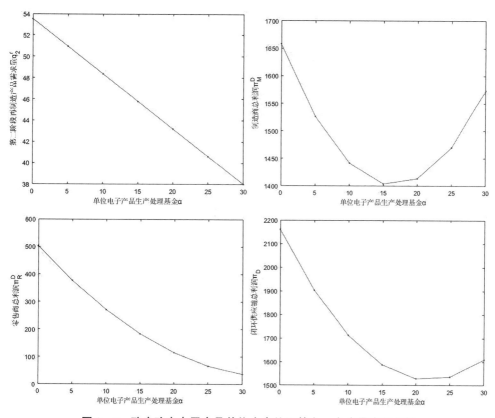

图 3-8 政府改变电子产品单位生产处理基金 α 各变量变化趋势

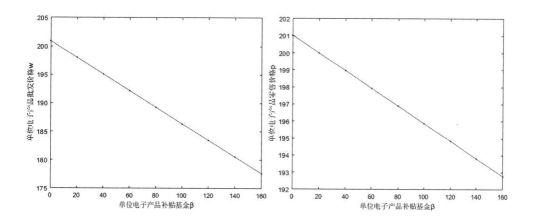

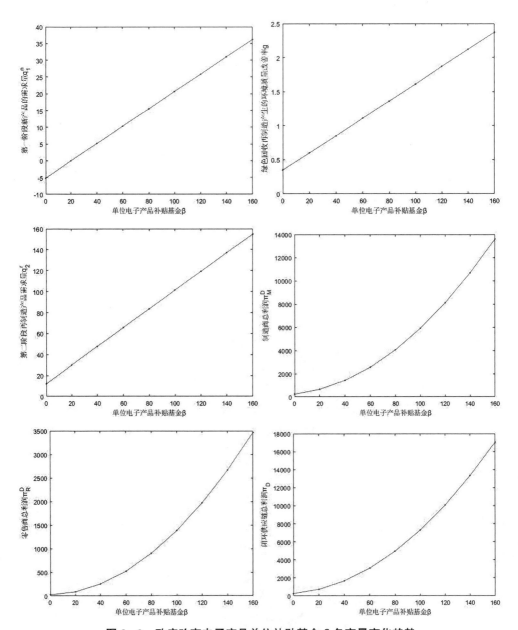

图 3-9 政府改变电子产品单位补贴基金 β 各变量变化趋势

通过表 3-7 和图 3-8 的计算结果可以发现政府改变电子产品的生产处理基金与制造商和零售商进行分散决策时模型中各决策的变动关系。一方面,当政府从 0 开始逐步提高生产处理基金,该政策增加了制造商的生产成本从而引起制造商电子产品批发价格和零售商市场销售价格的增加,同样地,消费者面临市场价格的变动会选择减少新电子产品的购买量,当政府将生产处理基金征收数额定为 10 时,消费者对于新产品的需求量变为负值。另一方面,在分散决策模型中,政府电子产品单位生产处理基金与制造商因环保回收再制造所产生的环境质量改善率成正相关关系,可以理解为政府为保证制造企业进行利于环境保护的生产行为,利用征收基金对其实施管控,因此可以促进制造企业和零售企业对于废旧电子产品的回收和再制造行为。由于市场价格的提升,消费者对于再制造电子产品的需求量也会出现相应减少,但其减少幅度小于新电子产品的需求量。在利润方面,制造商和零售商虽提高了电子产品的市场价格,但生产成本的增加和需求量的降低会导致制造商和零售商利润减少,当政府征收额为 20 时总利润最低。因此,在制造商和零售商分散决策的情况下,政府依然要根据实际以及市场情况进行合理规划,从而在保证经济效益的同时进一步提升环境效益。

通过表 3-8 和图 3-9 可以发现,政府提高对于环保再制造电子产品的生产制造补贴,可以分担制造商一部分的生产成本,从而降低电子产品的批发价格和销售价格,相应地,消费者就会增加对于电子产品的需求。同时,随着政府补贴额的增加,制造商为响应国家对于废旧电子产品"绿色、循环"等相关的环保政策,会努力提高其生产再制造过程的环境质量改善率,此时消费者则会出于对企业积极履行社会责任的欣赏大幅增加对于再制造电子产品的需求,因此,分散决策时,无论是制造商还是零售商,其利润值都会随政府补贴额的增加而提高。

其次,验证分散决策模型中消费者对于闭环供应链第二阶段两种电子产品的环境敏感程度 k 变化时制造商和零售商如何制定最优决策。数值的计算结果如表 3-9 所示,各变量随 k 的变化趋势如图 3-10 所示。

表 3-9　消费者环境偏好 k 对于分散决策模式闭环供应链的影响

k	W	p	q_1^n	g	q_2^r	π_M^D	π_R^D	π_D
0	193.67	196.83	15.83	0.00	15.83	352.96	176.42	529.37
20	193.89	197.17	14.15	0.34	20.89	523.35	187.29	710.64

（续表）

k	W	p	q_1^n	g	q_2^r	π_M^D	π_R^D	π_D
40	194.57	198.19	9.04	0.68	36.21	1 039.12	222.52	1 261.64
60	195.73	199.93	0.37	1.03	62.21	1 914.34	290.26	2 204.59
80	197.39	202.42	−12.09	1.40	99.61	3 173.51	405.27	3 578.79
100	199.61	205.75	−28.73	1.78	149.51	4 853.40	590.99	5 444.39

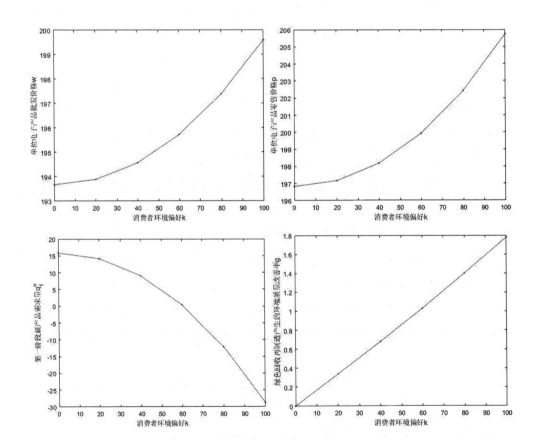

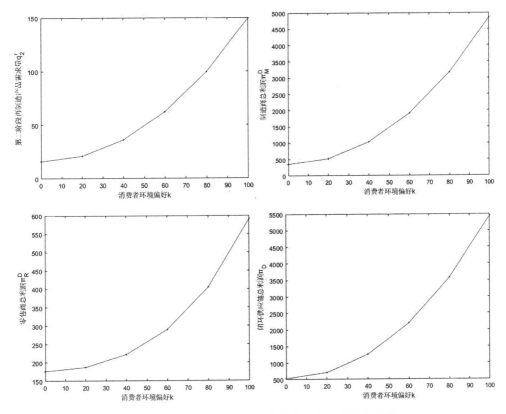

图 3 - 10　消费者改变环境敏感程度 k 各变量变化趋势

由表 3 - 9 和图 3 - 10 可以看出，分散决策模式下，一方面，随着消费者环境偏好程度增加，制造商需要从自身产品入手考虑制造符合消费者环保期望的绿色、环保电子产品，因此生产成本会随之增加，导致电子产品的批发、零售价格呈现上涨趋势。另一方面，制造商为满足消费者对于环保再制造产品购买的需要，大力发展再制造产业，由此带来环境质量改善率的增加。而由于新电子产品和环保回收再制造的电子产品售价相同，消费者面对产品的价格上涨，出于自身的环保偏好会更加倾向于环境友好的再制造电子产品，因此再制造电子产品的需求会出现大幅度的增加，并且其增长趋势远远大于新产品需求的减少量，故制造商和零售商仍可在闭环供应链中获益，二者都可获取较高利润。因此，消费者对于环境改善的偏好越强，对于制造商和零售商就会产生更多的正向激励作用，促使闭环供应链系统获得经济和环保效益的双丰收。

3.8.4　小结

　　基于环境治理视角建立的废旧电子产品回收再制造集中决策和分散决策模型,本章设置数值算例对其进行了模型验证和模拟决策的对比分析,得出如下结论:首先,考虑制造商和零售商进行集中决策和分散决策时模型中各项决策的比较,计算发现集中决策的电子产品最优价格、市场需求、回收量、回收价格以及闭环供应链总利润优于分散决策的情况;其次,考虑政府实施环境治理以及消费者的产品环保意识约束,在分散决策时,制造商因环保回收再制造所产生的环境质量改善率会有所提升;最后,验证了集中决策和分散决策时政府和消费者的环境治理约束变化对于闭环供应链各决策的影响情况,说明政府必须要合理制定电子产品绿色生产、回收的约束和激励,消费者也要提高自身环境保护意识和对于产品绿色性、环保性的敏感程度,从而实现废旧电子产品回收再制造闭环供应链的协调,使各方利益最大化并且保证环境效益最大化。

3.9　推动废旧电子产品回收再制造环境治理的对策建议

　　对于废旧电子产品的环境治理是我国可持续发展战略在电子产品行业中的应用,电子产品行业作为我国国民经济重要的支柱性产业,其绿色化、环保型发展对于平衡生产力进步和生态环境质量间的关系具有重要的作用。目前,从我国电子产品的生产制造、环保回收再制造工作的发展现状可以发现,该产业还存在很多问题,需要政府发挥主导作用来实现电子产品行业的绿色可持续发展,基于此,本章主要从以下四个方面提出推动废旧电子产品回收再制造环境治理的相关对策建议。

3.9.1　实施环保回收再制造的激励政策

　　根据政府环境治理变量影响分析的研究结论,发现无论是集中决策还是分散决策的情形下,假设政府对电子产品制造商给予绿色环保再制造的补贴政策,并由低至高逐渐提高补贴力度,会带来市场价格的下降,出于环保考虑,消费者会更倾向于再制造产品,由此会使得再制造电子产品需求上升,新产品需求下降。制造商和零售商等参与方在生产回收过程进行绿色化处理势必会增加企业的各项成本,而政府加大对于再生资源行业的补贴支持能够加快废旧电子产品再生产业的发展。因此,建议政府充分发挥其激励作用,及时给予制造企业相应环保补贴,例如可参照和借鉴国外的激励政策,设立环保回收和再制造奖项并资助绿色化技术的研究和成果,促进回收再制造工艺的发展,同时,重点扶持电子产品制造企业的发展,以推动绿色回收和再制造工作的开展。

政府自 2012 年 5 月实施了废旧电子产品处理基金政策,在这一政策下,中国的废旧电子产品回收再制造产业规模初步形成,正规拆解企业的数量迅速增加,资源回收利用的程度也得到了大幅提高,带来了良好的社会效益和环境效益。但基金征收和补贴过程中呈现出了不平衡、发放周期长的特点,部分企业过度依赖政府补贴,缺乏自主能力,各链条上权责分配不够清晰。并且,我国目前的废旧电子产品回收处理基金的补贴主要针对的是"四机一脑",随着居民生活水平的提升,常用的大小家电品类也更加多元,如厨房、卫浴电器、小家电、游戏设备等,每年的废弃量也非常可观,是否应将其也纳入补贴范畴也值得政府进一步探讨。综合以上问题,电子产品行业总体还是在矛盾中前行。因此,建议政府相关部门首先应创新对于环保回收再制造的补贴政策,在解决现有问题的基础上制定新目标,然后根据社会发展阶段以及各类资源的优先级别,进行综合分析和评定,鼓励制造商在所属企业或下属企业中建立绿色产业链,使整个链条上的企业作为循环处理的节点参与到废旧电子产品回收再制造的行业中并收集相关环境数据;其次,政府应对产业链中的环境影响进行评估定级,对于环境质量改善贡献大的企业给予一定的奖励,同时对参与绿色、环保回收再制造的企业给予一定倾斜,减征一部分的生产处理基金;最后,建议政府在融资方面对电子产品生产制造企业给予支持,减少回收处理时各个环节的税费,各企业也需要建立一套金融机制,将回收再制造过程的成本纳入企业运营情况考察的指标之一,从而有效引导企业积极进行绿色环保的回收处理工作。

3.9.2　推进回收体系建设的 EPR 政策

根据研究结论 3-1 可以发现,政府可通过向电子产品生产者征收生产处理基金和补贴环保回收再制造来间接调整电子产品的市场价格以及生态环境改善的效果。由此，为了推动生产企业切实落实资源环境责任并建立政府对于生产者责任延伸的激励约束，生产者责任延伸制度（Extended Producer Responsibility，以下简称 EPR）便成为各国加快生态文明建设和绿色循环低碳发展，推进供给侧结构性改革和制造业转型升级的重要手段。EPR 制度是指生产者不仅要负责产品的生产制造，还要将责任延伸至产品的整个生产周期中，特别是产品的回收和处理工作。在 EPR 政策中，生产者首先需要承担的就是环境损害责任，其次是经济责任、物质责任、所有权责任以及信息披露责任。

中国是第一个建立电子产品 EPR 制度的发展中国家，强调生产者对废旧电子产品的回收处理负责。当代的生产系统拥有细密的分工，承担废旧电子产品的管理工作应当是整个闭环供应链系统的任务。2017 年，通过生产者责任延伸的试点工作，有效引导了生产者构建电子产品绿色设计、生产、消费、物流以及回收的绿色化供应链。同时，EPR 制度也是生产者主动改善电子产品环境属性的一个契机，有利于创造新的市场机遇和商业模式。但是，在 EPR 制度的引导过程中，基金征收额度与拨付额度存在严重的不平衡，政府需承担很大的财政负担，且基金发放流程长，许多企业因资金不能及时到位导致无法正常运转。

从本质而言，废旧电子产品的管理是存在优先级的，排在首位的是将废弃产品减量化，其次是对于废旧电子产品的再制造和再循环，而最后才是考虑报废产品的处置。合理的 EPR 制度应当是通过改进各环节，真正减少废弃物的数量。因此，建议政府首先应当将政府主导实行 EPR 政策的现况向市场引导转变，建立公平竞争机制，使回收再制造企业不断在技术、管理、回收模式等方面来提升自己的核心竞争力；其次，同时对供应链的上、下游进行激励和约束，对于供应链上游的生产制造环节，激励企业进行绿色制造，对于供应链下游的回收再制造企业，对其进行有效激励使其提高回收的效率和数量，与消费者建立良好的合作关系，形成回收信任、提高用户黏性；最后，政府应积极提升废旧电子产品回收再制造和"互联网＋"手段结合的有效性，充分利用好线上和线下等多种回收渠道并进行有效监督，促进回收再制造工作的规范化和无害化，将生产制造以及回收处理环节对环境造成的影响降至最低。

3.9.3　增强消费者的环保意识

通过已得出的结论发现,具有环保偏好的消费者对于再制造电子产品会表现出更强的购买欲望,反过来,再制造产品需求的上升会进一步减少其他资源和部分稀缺资源的使用量和开采量,同时,也能够降低电子产品废弃或不规范回收所带来的环境污染。虽然越来越多的消费者从自身健康和环境角度考虑更加倾向绿色环保的电子产品,但是受限于电子产品生产制造的大环境,还是有许多消费者回收意识不强,也没有完全认识到电子产品废弃所产生的危害。而政府的环保政策对于电子产品市场具有引导作用,通过出台电子产品绿色生产和回收再制造的相关政策,可以培养消费者的环保意识和责任意识,在新产品与再制造电子产品无差别的情况下,引导消费者购买符合环保标准的、正规制造商生产的电子产品,使用过后通过正规途径交售废旧电子产品,可以进一步促进电子产品整个生命周期链的绿色化循环发展。

另一方面,消费者作为合法居民具有监督的权力。建议政府鼓励消费者对生产、回收企业是否进行了绿色生产、环保回收以及对于国家环保政策的执行情况进行有效监督。同时,购买再制造电子产品时,消费者可通过关注产品是否符合再制造环保标准和相关产品质量标准,对于不合格再制造品可通过投诉、举报等方式行使消费者权力,以提高制造企业生产和再制造的质量。对于检举行为,建议政府相关部门对其进行经济奖励,提高消费者行使监督权的积极性,充分发挥群众责任感和环保意识。

3.9.4　促进供应链企业回收合作

由电子产品闭环供应链集中决策和分散决策的结果,可以知道实行环境治理约束,分散决策相对于集中决策环境质量的改善效果稍有所提高,但在集中决策中电子产品售价、需求、总利润等都要优于分散决策。由此可知加强电子产品行业的企业间合作有利于获得经济效益和环境效益的双丰收。

十九大会议提出,要将绿色制造上升到国家战略层面,因此,电子产品的生产企业和回收再制造企业可以进行合作并遵循清洁生产的原则,将“谁污染谁治理”的思路转换至“从源头遏制污染”,具体措施就是根据消费者的环保再制造需求在电子产品的设计、生产、回收、再制造环节引入环保理念,选择绿色、无毒害、易拆卸的环保材料,便于产品回收处理时产生较少的危害物质,减少对环境的不利影响,同时,也要从电子产品生产的源头进行产品商业模式的重构,这样有利于对位于产业链较远的末端进行良好的管理。

目前,制造商对于废旧电子产品的回收主要还是依靠政府的行政管理工具和补贴进行,企业会从各个方面权衡成本是否能小于效益,在回收上存在正规回收渠道狭窄、非正规渠道盛行的情况,因此建议政府应当协助生产企业等积极拓宽回收渠道,发挥主导作用,协调好零售商、售后服务机构等的绿色回收责任,并且积极开展有偿回收和以旧换新业务,提高消费者交售废旧电子产品的积极性,从而促进电子产品闭环供应链各个环节的高效运行。

针对电子产品生产制造企业的管理,政府相关部门应考虑我国国情,出台明确的回收再制造环境管理规范,明晰产业链中的权责主体及各方责任,并且增强各级政府之间的信息共享和部门协调,形成统一的行业标准和规定,为企业的环境治理改善提供清晰的指导,并且建议政府方要严格做到激励与惩罚并行,以促进行业的规范化和绿色化发展。

3.9.5 小结

电子产品的大量使用和应用,一方面提高了当代企业和人们的生存质量,另一方面也给环境带来了很大的负面效应。保护生态环境,降低废旧电子产品的环境污染,是绿色发展和循环经济的必然要求。本章主要以废旧电子产品回收再制造过程的环境治理为目的,分别考虑政府领导、制造企业主导运作、消费者参与等角度来分析实现电子产品行业的绿色可持续发展的对策和建议,对于改变行业经营管理方式、提高回收再制造工作积极性以及构建电子产品全生命周期的绿色供应链具有一定的参考意义。

第 4 章

回收价格与消费者意识双重作用下的回收影响路径

本章研究了在竞争市场中,面对回收交易价格和消费者环保意识的双重压力下,企业的产品回收策略以及政府的产品回收政策。我们开发了两阶段博弈的游戏,并研究问题参数如何影响均衡结果。我们发现,回收价格和消费者环保意识水平对企业的回收行为和政府的奖惩政策具有附加影响。但是,这两个因素对企业的利润和政府的综合效益有不同的影响。通过两阶段博弈的均衡分析,得到企业单位处理成本、回收限额和消费者环保意识对企业定价以及政府综合效益的影响,为废旧电子产品回收的相关策略提出做研究基础准备。

4.1 基本模型与假设

假设一个企业同时具备回收和处理的能力,在集中决策下回收并处理某一行业中的废旧产品。该回收处理企业按照政府的回收政策运作,并且面对具有一定环保意识的产品消费者群体。在本节中,我们首先介绍政府补贴下的企业回收处理成本的建模,然后解释消费者环保意识下的回收函数,最后对企业的回收处理收益进行建模并描述企业在这种情况下的决策。

4.1.1 回收处理商回收交易及处理成本

许多国家普遍制定相关的回收政策,规定国家年度的回收计划,这些回收计划将被分散落实在回收企业身上。每个回收企业都会分配有一个年度的回收限额,在这样的政策下,如果该企业的年回收量超过规定的回收限额,将会得到政府的一定奖励;如果该企业的年回收量低于规定的回收限额,将会受到政府一定的惩罚。实际上,回收限额可以由回收监管机构以各种方式确定,回收限额分配问题不在本章的讨论范围之内,因此企业的回收限额被视为外生的。并且限额一旦确定了,它们就不会在计划期(一般为一年)内发生变化。企业先通过回收市场对消费者的产品进行回收,然后再对回收产品进行处理。为简化模型,假定不存在企业假报回收额、逃离惩罚的情况。

令 p 表示企业对回收产品的单位回收价格,c 表示回收产品的单位处理成本,q 表示企业在一定时期内的回收量,G_a 表示政府给予企业的相关奖励,G_p 表示政府给予企业的相关惩罚。奖励和惩罚的大小,我们可以认为与超过或低于的回收额成一定比例关系。那么回收处理商从回收交易市场中所产生的成本费用可以表示为:

$$C^E = pq + cq - G_a + G_p \qquad (4-1)$$

如果企业在规定时期内的回收量小于回收限额,那么 $G_a > 0$ 且 $G_p = 0$,如果企业在规定时期内的回收量大于回收限额,那么 $G_p > 0$ 且 $G_a = 0$。假设回收限额为 T,奖罚的比例系数(简称奖惩系数)均为 k。实际上,政府可根据实际对奖励和惩罚采用不同的比例系数,也可以对超过或低于的回收额采用阶梯等非简单线性的奖惩方式。那么成本费用可以进一步表示为:

$$C^E = pq + cq - k(q-T) \qquad (4-2)$$

从式子中,可以看出,当企业在规定时期内的回收量小于回收限额,那么 $G_a = k(q-T) > 0$ 且 $G_p = 0$,当企业在规定时期内的回收量大于回收限额,那么 $G_p = k(T-q) > 0$ 且 $G_a = 0$。计划期内不同回收量下,政府的奖惩是对企业回收处理成本的一种弥补或加重。

4.1.2 消费者环保意识下的回收供给

假设消费者对产品回收的偏好取决于消费者的环保意识,市场随机因素对产品不产生影响,那么回收数量与单位回收价格正相关,同时,消费者的环保意识对回收数量的影响也是积极的,也即回收产品的供给函数为:

$$q = q_0 + \alpha p + \beta \theta \qquad (4-3)$$

其中,q_0 表示环保主义者在单位回收价格为零时,自愿回收的废旧产品数量,α 表示消费者对单位回收价格的敏感度,$\alpha \in R^+$,β 表示消费者对环保意识的敏感度, $\beta \in R^+$, p_i 表示单位回收价格, θ 表示消费者的环保意识。θ 越大, 表示消费者的环保意识越强。政府能够通过回收宣传教育等方式, 提高消费者的环保意识, 促进消费者回收废旧产品的积极性。

式子中, 可以看出, 企业的回收数量主要受单位回收价格和消费者环保意识的制约, 单位回收价格越高, 企业的回收数量越大; 消费者的环保意识越高, 企业的回收数量越大。

4.1.3　回收处理收益和企业决策

回收处理企业首先通过在回收处理市场中向消费者回收废旧产品, 然后通过制造处理或者转卖进行销售, 通过之间的差额赚取利润。实际上, 某种回收产品的处理收益较高通常伴随着较低的处理成本, 这可能是由于采用了更先进的回收技术, 购买了功能更加高级的回收设备进行了额外投资。同时, 不同的回收处理商会采用不同的处理方法, 因此对于相同的回收产品, 会产生不同的处理成本。

令 e 表示企业回收产品的单位处理收益, 在上述模型的设置下, 每个企业的目标都是计划周期内最大限度地增加自身的收益, 我们可以将企业在给定回收处理水平下的利润表示如下:

$$\pi = eq - C^E \tag{4-4}$$

也可以表示为:

$$\pi = eq - pq - cq + k(q - T) \tag{4-5}$$

也即:

$$\pi = (e - p - c)q + k(q - T) \tag{4-6}$$

从式子中, 我们可以看出 e 其实就是再制造产品的销售价格或者转卖产品的价格, 式子由两部分组成, 前一部分表示废旧产品通过回收处理所产生的收益, 后面一部分表示政府根据企业在规定时期内所达到的回收量给予该企业的奖惩收益。

按照市场规律, 决策顺序是政府先制定计划期内分配给企业的回收限额及相应的奖惩系数, 限额一旦确定, 所有企业都必须要遵守。若回收数量大于回收限额, 政府将给予一定的奖励, 若回收数量小于回收限额, 政府将给予一定的惩罚。政府确定奖惩系数 k，使政府的综合效益最大。然后，企业根据第一阶段决策废旧产品的单位回收价格，最后，在一定的回收处理水平下，企业通过向消费者回收废旧产品，加工处理获得收益。企业确定产品回收价格 p，使自身收益最大化。因此，两阶段的游戏设置是合理的。

4.2　平衡分析

这一部分介绍了两阶段博弈模型的分析和均衡结果。我们使用后向归纳法解决两阶段博弈。具体来说，我们首先在第二阶段分析回收价格博弈，然后在第一阶段解决奖惩系数决策。

4.2.1　第二阶段：价格博弈

以下命题描述了第二阶段博弈的均衡定价决策，证明如下：

回收处理企业的利润函数可以写成：

$$\pi = (e - p - c + k)(q_0 + \alpha p + \beta\theta) - kT \tag{4-7}$$

π 对 p 的一阶导数、二阶导数，推导可知：

$$\frac{\partial \pi}{\partial p} = -(q_0 + \beta\theta) + \alpha(e - c + k) - 2\alpha p \tag{4-8}$$

$$\frac{\partial^2 \pi}{\partial p^2} = -2\alpha < 0 \tag{4-9}$$

由于 $\dfrac{\partial^2 \pi}{\partial p^2} < 0$，可知 π 是关于 p 的凸函数，并在 $\dfrac{\partial \pi}{\partial p} = 0$ 处取最大值。根据一阶条件，得

$$\frac{\partial \pi}{\partial p} = -(q_0 + \beta\theta) + \alpha(e - c + k) - 2\alpha p = 0 \tag{4-10}$$

求解上述方程式可得出该企业的最优定价策略：

$$p^* = \frac{1}{2}\left(-\frac{q_0 + \beta\theta}{\alpha} + e - c + k\right) \tag{4-11}$$

命题1：给定第一阶段选择的奖惩系数 k，第二阶段中回收处理企业的均衡定价策略如下：

$$p^* = \frac{1}{2}(e-c) + \frac{1}{2}k - \frac{q_0 + \beta\theta}{2\alpha} \qquad (4-12)$$

命题 1 中的均衡价格函数 p^* 可以解释如下。$\frac{1}{2}(e-c)$ 这一项表示在没有政府奖惩和消费者环保意识情况下(即 $k=0, q_0=0, \theta=0$)的基础价格,引入政府奖惩政策和消费者环保意识方面的考虑将为价格函数增加两个分项。第一项 $\frac{1}{2}k$ 表示政府的奖惩将部分转嫁到消费者身上,回收处理商的产品定价和政府的奖惩程度正向相关;第二项 $\frac{q_0 + \beta\theta}{2\alpha}$ 表示消费者的环保意识对产品价格的一种弥补,这种弥补体现了由于环保意识作用造成的消费者的理解价值和市场价值的偏差。

4.2.2　第一阶段:奖惩系数博弈

给定第二阶段的均衡结果,现在我们转向第一阶段的博弈,在此阶段,政府确定产品回收的奖惩系数。解决第一阶段的奖惩系数博弈,证明如下:

将均衡价格函数代入企业的回收供给函数可得出:

$$q^* = q_0 + \alpha\left[\frac{1}{2}(e-c) + \frac{1}{2}k - \frac{q_0 + \beta\theta}{2\alpha}\right] + \beta\theta \qquad (4-13)$$

q^* 关于 k 的一阶导数的推导如下:

$$\frac{\partial q^*}{\partial k} = \frac{1}{2}\alpha > 0 \qquad (4-14)$$

由于 $\frac{\partial q^*}{\partial k} > 0$,可知 q^* 是关于 k 的正相关线性函数。

将均衡价格函数代入企业的利润函数可得出:

$$\pi^* = \left(e - \left[\frac{1}{2}(e-c) + \frac{1}{2}k - \frac{q_0 + \beta\theta}{2\alpha}\right] - c + k\right)\left(q_0 + \right.$$
$$\left. \alpha\left[\frac{1}{2}(e-c) + \frac{1}{2}k - \frac{q_0 + \beta\theta}{2\alpha}\right] + \beta\theta\right) - kT \qquad (4-15)$$

进一步化简得:

$$\pi^* = (e-c+k)(q_0+\beta\theta) + \left[\alpha(e-c+k) - (q_0+\beta\theta)\right]\left[\frac{1}{2}(e-c) + \frac{1}{2}k - \frac{q_0 + \beta\theta}{2\alpha}\right]$$

$$-\alpha\left[\frac{1}{2}(e-c)+\frac{1}{2}k-\frac{q_0+\beta\theta}{2\alpha}\right]^2-kT \qquad (4-16)$$

π^* 关于 k 的一阶导数的推导如下:

$$\frac{\partial\pi^*}{\partial k}=\frac{1}{2}\left[\alpha(e-c+k)+(q_0+\beta\theta)\right]-T \qquad (4-17)$$

$$\frac{\partial^2\pi^*}{\partial k^2}=\frac{1}{2}\alpha>0 \qquad (4-18)$$

由于 $\frac{\partial^2\pi^*}{\partial k^2}>0$,可知 π^* 是关于 k 的凹函数,并在 $\frac{\partial\pi}{\partial k}=0$ 处取最小值。根据一阶条件,得

$$\frac{\partial\pi^*}{\partial k}=\frac{1}{2}\left[\alpha(e-c+k)+(q_0+\beta\theta)\right]-T=0 \qquad (4-19)$$

求解上述方程式可得出该企业处于最低利润点时:

奖惩系数为 $k^*=\dfrac{2T-(q_0+\beta\theta)}{\alpha}-(e-c)$ \qquad (4-20)

命题 2:在第一阶段,回收处理企业最低利润时的政府奖惩系数为:

$$k^*=\frac{2T-(q_0+\beta\theta)}{\alpha}-(e-c) \qquad (4-21)$$

从命题 2 中我们可以发现,奖惩系数仅取决于回收限额 T,消费者环保意识 θ 和单位处理成本 c;它不取决于市场竞争,独立于企业的定价决策。式子中,企业的奖惩系数与回收限额正相关、与消费者环保意识负相关、与单位处理成本负相关,这意味着,回收限额高的企业应规定高的奖惩系数,消费者环保意识高时可以规定低的奖惩系数,企业单位处理成本提高时应同时提高规定的奖惩系数。从企业利润最低时的奖惩系数(假设大于零)可以看出,随着政府奖惩系数的提高,企业的利润将先降低,然后再升高。

4.2.3　第一阶段:奖惩系数博弈(模型改进)

从上述模型设置中,我们发现第二阶段博弈的结果中,并未出现一种奖惩系数和最大回收量的均衡。可以看到随着奖惩系数 k 的提高,企业的回收量 q 也将提高。这看起来好像政府可以无限提高奖惩系数,而企业的回收量就可以一直提高。但事实并不是这样,政府奖惩系数 k 的制定不仅受回收数量 q 的制

约,也受政府为提高消费者环保意识的努力,这里假设消费者环保意识的提高只与政府的宣传等措施有关。令政府为提高消费者环保意识的宣传成本为 μ:

$$\mu = a + b\theta \tag{4-22}$$

式子中,政府的宣传努力分为两部分,第一部分为 a 表示政府在提高消费者环保意识前所做出的宣传成本,第一部分为 $b\theta$ 表示政府提高消费者环保意识的宣传成本,这一部分与消费者的环保意识正相关。

此时,我们可以得到政府的综合效益为:

$$\omega = tq - k(q - T) - \mu \tag{4-23}$$

即:$\omega = (t - k)q + kT - (a + b\theta) \tag{4-24}$

式子中,ω 表示政府的综合效益,t 表示企业每回收单位产品政府所得到的环保经济收益。式子的第一部分 $(t-k)q$ 表示政府奖惩政策作用下的产品回收收益,kT 表示政府对回收限额以下产品的惩罚收益,$a+b\theta$ 表示政府为提高消费者意识而做出的宣传成本。

将均衡价格函数代入企业的回收供给函数可得出:

$$q^* = q_0 + \alpha \left[\frac{1}{2}(e - c) + \frac{1}{2}k - \frac{q_0 + \beta\theta}{2\alpha} \right] + \beta\theta \tag{4-25}$$

将均衡回收量代入政府的综合效益函数可得出:

$$\omega^* = (t - k) \left\{ q_0 + \alpha \left[\frac{1}{2}(e - c) + \frac{1}{2}k - \frac{q_0 + \beta\theta}{2\alpha} \right] + \beta\theta \right\} + kT - (a + b\theta) \tag{4-26}$$

ω^* 关于 k 的一阶导数的推导如下:

$$\frac{\partial \omega^*}{\partial k} = - \left\{ q_0 + \alpha \left[\frac{1}{2}(e - c) + \frac{1}{2}k - \frac{q_0 + \beta\theta}{2\alpha} \right] + \beta\theta \right\} + \frac{1}{2}\alpha(t - k) + T \tag{4-27}$$

$$\frac{\partial^2 \omega^*}{\partial k^2} = -\alpha < 0 \tag{4-28}$$

由于 $\frac{\partial^2 \omega^*}{\partial k^2} < 0$,可知是 ω^* 关于 k 的凸函数,并在 $\frac{\partial \omega^*}{\partial k} = 0$ 处取最大值。根据一阶条件,得

$$\frac{\partial \omega^*}{\partial k} = -\frac{1}{2}\alpha(e - c - t + 2k) - \frac{q_0 + \beta\theta}{2} + T = 0 \tag{4-29}$$

求解上述方程式可得出政府的最优奖惩系数决策为

$$k^* = \frac{2T - (q_0 + \beta\theta)}{2\alpha} - \frac{e - c - t}{2} \qquad (4-30)$$

同样的,我们可以发现,奖惩系数仅取决于回收限额 T,消费者环保意识 θ 和单位处理成本 c;它不取决于市场竞争,独立于企业的定价决策。式子中,企业的奖惩系数与回收限额正相关、与消费者环保意识负相关、与单位处理成本负相关,这意味着回收限额高的企业应规定高的奖惩系数,消费者环保意识高时可以规定低的奖惩系数,企业单位处理成本提高时应同时提高规定的奖惩系数。

4.3　结果和讨论

在上一部分的均衡分析的基础上,我们继续研究政府奖惩政策和消费者环保意识水平对企业回收决策和相关利润的影响。目的是在面临此类问题时为企业和政府提供管理上的启示。

4.3.1　均衡价格

我们首先研究不同的问题参数如何影响企业的均衡价格。通过将第一阶段均衡决策代入第二阶段均衡价格函数,我们可以获得整个博弈中该企业的均衡价格函数的表达式:

$$p^* = \frac{1}{2}(e - c) + \frac{1}{2}\left[\frac{2T - (q_0 + \beta\theta)}{2\alpha} - \frac{e - c - t}{2}\right] - \frac{q_0 + \beta\theta}{2\alpha} \quad (4-31)$$

化简得:

$$p^* = \frac{1}{4}(e - c + t) + \frac{T}{2\alpha} - \frac{3(q_0 + \beta\theta)}{4\alpha} \qquad (4-32)$$

式子中,均衡价格函数由三部分组成。这个均衡价格函数的加和形式使我们能够分离每个因素的影响。为了便于说明,我们将分析分为以下三种情况。

情况 $1: T = 0, q_0 = 0, \theta = 0$

在这种情况下,政府不制定奖惩政策,消费者不具有环保意识。通过将回收限额和消费者环保意识设置为零,我们可以专注于改变回收处理成本对博弈结果的影响。此时,$p^* = \frac{1}{4}(e - c + t)$,$\frac{\partial p^*}{\partial c} < 0$。推论 1 表明了产品的单位处

理成本的上涨对回收价格的影响。

推论 1：假设 $T=0, q_0=0, \theta=0$，在其他条件不变的情况下，企业的回收价格随着单位处理成本的降低而上涨。

推论 1 说明，当回收处理商经历企业的不同发展阶段，特别是企业不断引进新技术或者形成回收处理规模，单位处理成本逐渐降低趋于一个常数，而回收处理商的回收价格与单位处理成本成反比，因而回收价格逐渐增加至某一常数稳定。单位处理成本的下降，会增大企业的利润空间。为获得更多的利润，企业会选择提高回收价格压缩一定收益扩大回收量。

情况 2：$q_0=0, \theta=0$

在这种情况下，政府制定奖惩政策，但是消费者不具有环保意识。通过将消费者环保意识设置为零，我们可以专注于改变奖惩政策对博弈结果的影响。此时，$p^* = \dfrac{1}{4}(e-c+t)+\dfrac{T}{2\alpha}, \dfrac{\partial p^*}{\partial T}>0$。推论 2 表明了政府分配的回收限额的增加对回收价格的影响。

推论 2：假设 $q_0=0, \theta=0$，其他条件不变的情况下，企业的回收价格随着政府分配的回收限额的增加而上涨。

推论 2 说明，当政府增加对一个回收处理商的回收限额时，该回收处理商的回收价格也会随之上涨。回收限额的增加，会增大企业的回收压力。为避免受到政府的惩罚，获得更多的回收量来降低回收压力，企业会选择提高回收价格以扩大回收量。

情况 3：$T=0$

在这种情况下，政府制定奖惩政策，同时消费者具有一定的环保意识。通过将政府分配的回收限额为零，我们可以专注于改变消费者环保意识对博弈结果的影响。此时，$p^* = \dfrac{1}{4}(e-c+t)-\dfrac{3(q_0+\beta\theta)}{4\alpha}, \dfrac{\partial p^*}{\partial \theta}<0$。推论 3 表明了消费者环保意识的提高对回收价格的影响。

推论 3：假设 $T=0$，其他条件不变的情况下，企业的回收价格随着消费者环保意识的提高而下降。

推论 3 说明，当政府通过环保宣传等措施，提高了消费者的环保意识，企业的回收价格可以随之下降。消费者环保意识的提高，在某种意义上是对回收价格的一种弥补。消费者环保意识提高,会使得产品回收的理解价值提高,即使在一定程度上降低回收价格,消费者仍然愿意将产品回收。

4.3.2　均衡政府综合效益

我们继续研究不同参数对政府综合效益的影响。代入第一阶段的均衡决策,我们可以获得整个博弈中政府的综合效益函数的表达式:

$$\omega^* = \left\{ t - \left[\frac{2T - (q_0 + \beta\theta)}{2\alpha} - \frac{e - c - t}{2} \right] \right\} \left\{ q_0 + \alpha \left\{ \frac{1}{2}(e - c) \right. \right.$$

$$+ \frac{1}{2} \left[\frac{2T - (q_0 + \beta\theta)}{2\alpha} - \frac{e - c - t}{2} \right] - \frac{q_0 + \beta\theta}{2\alpha} \right\} + \beta\theta \right\}$$

$$+ T \left[\frac{2T - (q_0 + \beta\theta)}{2\alpha} - \frac{e - c - t}{2} \right] - (a + b\theta) \qquad (4 - 33)$$

按照同样的方式,我们将分析分为以下三种情况。

情况 1:$T = 0, q_0 = 0, \theta = 0$

在这种情况下,政府不制定奖惩政策,消费者不具有环保意识。通过将回收限额和消费者环保意识设置为零,我们可以专注于改变回收处理成本对博弈结果的影响。此时,$\omega^* = \frac{1}{8}\alpha[c - (e + t)]^2 - a$,$\frac{\partial^2 \omega^*}{\partial c^2} = \frac{1}{4}\alpha > 0$。推论 4 表明了产品的单位处理成本的上涨对政府综合效益的影响。

推论 4:假设 $T = 0, q_0 = 0, \theta = 0$,其他条件不变的情况下,政府的综合效益在单位处理成本 $c < e + t$ 时,随着单位处理成本的降低而增加,在单位处理成本 $c > e + t$ 时,随着单位处理成本的降低而降低。

推论 4 说明,当企业的单位处理成本 c 大于 $e + t$ 时,企业将不得不停产,所以一般情况下,企业的单位处理成本满足 $c < e + t$,此时随着单位处理成本逐渐降低趋于一个常数,而政府的综合效益与单位处理成本在该区间内成反比,因而政府的综合效益逐渐增加至某一常数并趋于稳定。这也是政府支持企业不断引进新技术、形成回收处理规模的原因,通过这些措施让企业的单位处理成本尽可能降低,从而使政府的综合效益提高。

情况 2:$q_0 = 0, \theta = 0$

在这种情况下,政府制定奖惩政策,但是消费者不具有环保意识。通过将消费者环保意识设置为零，我们可以专注于改变奖惩政策对博弈结果的影响。此时，$\omega^* = \frac{1}{2}\alpha\left[\left(\frac{e-c+t}{2}\right)^2 - \left(\frac{T}{\alpha}\right)^2\right] + \left(\frac{T}{\alpha} - \frac{e-c-t}{2}\right)T - a$，$\frac{\partial^2\omega^*}{\partial T^2} = \frac{1}{\alpha} > 0$。

当 $\frac{\partial\omega^*}{\partial T} = \frac{T}{\alpha} - \frac{e-c-t}{2} = 0$（即 $T = \frac{e-c-t}{2}\alpha$）时，政府的综合效益 ω 取最小值。推论 5 表明了政府分配的回收限额的增加对政府综合效益的影响。

推论 5：假设 $q_0 = 0$，$\theta = 0$，其他条件不变的情况下，政府的综合效益在回收限额 $T < \frac{e-c-t}{2}\alpha$ 时，随着回收限额的减少而增加，在回收限额 $T > \frac{e-c-t}{2}\alpha$ 时，随着回收限额的增加而增加。

推论 5 说明，当政府为回收处理商分配回收限额时，应该充分考虑该企业的回收处理能力，并且尽量使所分配的回收限额满足 $T > \frac{e-c-t}{2}\alpha$ 的条件，在以后增加该企业的回收限额过程中，不致让政府的综合效益损失。

情况 3：$T = 0$

在这种情况下，政府制定奖惩政策，同时消费者具有一定的环保意识。通过将政府分配的回收限额为零，我们可以专注于改变消费者环保意识对博弈结果的影响。此时，$\omega^* = \left(\frac{e-c+t}{2} + \frac{q_0+\beta\theta}{2\alpha}\right)\left[q_0 + \frac{1}{2}\alpha\left(\frac{e-c+t}{2} - \frac{q_0+\beta\theta}{\alpha}\right) + \beta\theta\right]$

$-(a+b\theta)$，$\frac{\partial^2\omega^*}{\partial\theta^2} = \frac{\beta^2}{2\alpha} > 0$。当 $\frac{\partial\omega^*}{\partial\theta} = \left[\frac{q_0+\beta\theta}{\alpha} + \frac{3(e-c)-t}{4}\right]\frac{\beta}{2} - b = 0$（即 $\theta = \alpha\left[\frac{2b}{\beta^2} - \frac{3(e-c)-t}{4\beta}\right] - \frac{q_0}{\beta}$）时，政府的综合效益 ω 取最小值。推论 6 表明了消费者的环保意识的提高对政府综合效益的影响。

推论 6：假设 $T = 0$，其他条件不变的情况下，政府的综合效益随着消费者环保意识的提高会先下降后上升。

推论 6 说明，当政府通过环保宣传等措施，提高了消费者的环保意识，政府的综合效益可能不会马上提高，仍然有可能会下降，但是经过一个临界点后，随着消费者环保意识的提高，政府的综合效益也会随之提高。

4.3.3　管理启示

在第 3 节中，我们分析了同时存在政府奖惩制度和消费者环保意识的两阶段博弈过程。然后,在第 4 节中,我们介绍了回收处理商企业的定价策略以及政府的综合效益如何取决于各种问题参数。现在,总结我们的主要发现,并强调它们对企业和政府的管理意义。

以上结果证实,提高奖惩制度或提高消费者的环保意识可以促使企业提高回收数量,促进政府提高综合效益。但是,这两个杠杆对企业和政府的策略有不同的含义。

均衡结果表明,对于回收处理商来说,企业的回收价格随着单位处理成本的降低而上涨,随着政府分配的回收限额的增加而上涨,随着消费者环保意识的提高而下降。这说明了企业为提高其利润,会不断引进新的回收技术,形成回收处理规模,逐渐将单位处理成本降低,同时选择提高产品的回收价格以扩大回收量,从而获得更多的利润。当企业面临政府增加对自己的回收限额时,企业会选择提高回收价格,以增加回收量,降低企业的回收压力。将提高价格和增加回收量所造成的损益尽量和政府的奖惩达到一种平衡。随着消费者环保意识的提高,企业可以在一定程度上降低回收价格,消费者仍然愿意将产品回收,其造成的回收数量不会降低太多,企业也能够从中获得利润的增加。

均衡结果表明,对于政府来说,政府的综合效益随着单位处理成本的降低而降低;在回收限额 $T < \dfrac{e-c-t}{2}\alpha$ 时,随着回收限额的减少而增加,在回收限额 $T > \dfrac{e-c-t}{2}\alpha$ 时,随着回收限额的增加而增加;随着消费者环保意识的提高会先下降后上升。这说明对于正常生产的企业来说,降低单位处理成本对政府的综合效益有正向提高的作用,所以政府应该在宏观政策上支持企业不断引进新的技术,形成大的回收处理规模,通过企业自身改进降低处理成本,从而使政府的综合效益提高。政府在为每个回收处理商分配回收限额时,应该充分考虑该企业的回收处理能力,并且尽量使所分配的回收限额不小于 $\dfrac{e-c-t}{2}\alpha$,只有这样在以后增加该企业的回收限额过程中,不致让政府的综合效益造成损失。当政府通过环保宣传等措施提高了消费者环保意识的过程中,或许前期的投入会造成政府综合效益的下降,但是持续投入经过一个临界点后,再随着消费者环保意识的提高,政府的综合效益就会随之提高。

第 5 章
奖惩力度与消费者意识双重作用下的产品回收策略

当面临政府奖惩和消费者环保意识的压力时,本章研究了竞争市场中企业的产品回收和定价策略。我们开发了两阶段博弈的模型,并研究问题参数如何影响均衡结果。我们发现,奖惩系数和消费者意识水平对企业的回收行为具有附加影响。但是,这两个因素对企业的价格和利润有不同的影响。特别是,在有合适目标回收率限定的情况下,企业的价格随着消费者意识水平的提高而提高,随奖惩力度的提高而下降,而企业的利润首先下降,然后随着奖惩系数、消费者意识的增长而上升。从消费者和企业的角度来看,针对中央计划者的适当的增收策略是首先提高消费者的环保意识,然后提高奖惩系数。这种策略激励企业投资于增加回收率的活动,而又不会引起产品价格和企业利润的急剧变化。最后,我们通过数值实验的方法,已经发现,对于旨在增加具有不同再制造成本的各个行业的回收率的中央计划者而言,提高消费者意识可能是比提高奖惩系数更好的政策选择。

5.1　基本模型与假设

假设一个回收制造企业同时具备回收和处理的能力,该企业按照政府的回收政策运作,并且面对具有一定环保意识的产品消费者群体。在集中决策下根据利益最大化的原则决定废旧产品的回收率以及新产品的销售价格。该企业可以完全用原材料生产新产品,也可以使用回收产品的部分零部件生产。在本节中,我们首先介绍消费者环保意识下的市场需求函数,然后对奖惩机制下企业的收益进行建模并描述企业在这种情况下的决策。

5.1.1 消费者环保意识下的市场需求

假设消费者对环保类产品购买的偏好取决于消费者的环保意识水平,市场随机因素对产品不产生影响,那么产品需求和产品价格满足市场需求函数,同时,消费者的环保意识对产品需求的影响也是积极的。根据文献可知,消费者越重视环境问题,越愿意支付更高的价格购买环保类产品。也即环保类产品的市场需求函数可以表示为:

$$q = \alpha - \beta p + \theta e \tag{5-1}$$

其中,α 表示市场的潜在需求,$\alpha \in R^+$,β 表示消费者对产品价格的敏感程度,$\beta \in R^+$,p 表示生产新产品的单位价格,e 表示企业的环保努力水平,θ 表示消费者的环保意识水平。θ 越大,表示消费者对环保类产品的偏好程度越高。政府能够通过回收宣传教育等方式,提高消费者的环保意识,促进消费者购买更加环保产品的积极性。

5.1.2 奖惩机制下的企业收益和企业决策

许多国家普遍制定相关的回收政策,规定国家计划的目标回收率。在这样的政策下,如果该企业的实际回收率超过规定的目标回收率,将会得到政府的一定奖励;如果该企业的实际回收率低于规定的目标回收率,将会受到政府一定的惩罚。实际上,目标回收率可以由回收监管机构以各种方式确定,确定目标回收率的问题不在本章的讨论范围之内,因此规定的目标回收率被视为外生的。并且目标回收率一旦确定了,它们就不会在计划期(一般为一年)内发生变化。企业以固定的投资进行废旧产品的回收利用,以一部分采用新材料进行加工,另一部分通过相应回收率所带来的可用回收材料进行生产,然后通过新制成的环保产品向消费者进行销售。

根据文献中,我们知道回收制造企业对废旧产品回收的固定投资以及相应的回收率 τ 的关系为,$\tau = \sqrt{I/h}$,其中 h 表示规模系数。可知,$I = h\tau^2$,回收投资与回收率正相关,回收率的提高会引起回收投资的不断增加,并且呈现边际递增的规律。令 c_n 表示该企业使用新材料制造产品的单位成本,c_f 表示使用新材料制造产品的单位固定成本。和文献中所说的那样,由于环保类产品比普通产品花费更多的制造成本,我们可以认为新材料生产成本函数$c_n = c_f + \mu e^2$,其中 μ 表示产品有关环保水平方面的生产与运作成本,μe^2 是 e 的二次函数,表示回收制造商提高环保努力水平的成本是递增的。令c_r表示采用回收材料生产的单位成本,I 表示企业关于提高废旧产品回收率的固定投资,τ 表示企业的实际回收率,τ_0表示政府规定的目标回收率。奖励和惩罚的大小,我们可以认为与实际回收率和目标回收率的差额成一定比例关系,用 k 表示政府奖惩的比例系数(简称奖惩系数)。实际上,政府可根据实际对奖励和惩罚采用不同的比例系数,也可以对超过或低于回收率的差额采用阶梯等非简单线性的奖惩方式。在上述模型的设置下,每个企业的目标都是计划周期内最大限度地增加自身的收益,那么回收制造商生产单位产品的成本费用可以表示为:

$$\pi = \{p - [\tau c_r + (1-\tau)c_n]\}q - I + k(\tau - \tau_0) \tag{5-2}$$

也即:

$$\pi = [p - c_n + \tau(c_n - c_r)](\alpha - \beta p + \theta e) - h\tau^2 + k(\tau - \tau_0) \tag{5-3}$$

式子中,我们可以用 $\Delta = c_n - c_r$表示再制造产品的成本节约,其中 $\Delta > 0$ 表示使用回收材料可以增加成本优势,让企业有利可图。实际上,要想获得较高的产品收益通常伴随着较低的回收制造成本,这可能是由于采用了更先进的回收技术,购买了功能更加高级的回收设备进行了额外投资。同时,不同的回收制造商会采用不同的处理方法,因此对于相同的新产品,会产生不同的成本节约。所以式子可以进一步化为:

$$\pi = (p - c_n + \tau\Delta)(\alpha - \beta p + \theta e) - h\tau^2 + k(\tau - \tau_0) \tag{5-4}$$

从式子中,我们可以看出企业的收益主要受三方面影响,第一方面是企业通过销售回收制造后的环保产品获得收入;第二方面是企业的回收投资,它影响着企业的回收率;最后是政府根据企业所达到的回收率给予的奖惩收益。

按照市场规律,决策顺序是在政府制定的目标回收率和奖惩系数下,所有企业遵守相关回收政策,在一定制造成本节约的水平下权衡企业的回收投资以达到某一回收率 τ,并确定企业的环保努力水平 e,然后,企业根据第一阶段决定新产品的单位销售价格,通过向消费者销售生产的环保产品使自身收益最大化。因此,两阶段的博弈设置是合理的。

5.2 平衡分析

这一部分介绍了两阶段博弈模型的分析和均衡结果。我们使用逆向归纳法解决两阶段博弈。具体来说，我们首先在第二阶段分析新产品单位价格 p 的博弈，然后在第一阶段解决回收率 τ 和环保努力水平 e 的决策。

5.2.1 第二阶段：价格博弈

以下命题描述了第二阶段博弈的均衡定价决策，证明如下：

回收制造企业的利润函数可以写成：

$$\pi = (p - c_n + \tau\Delta)(\alpha - \beta p + \theta e) - h\tau^2 + k(\tau - \tau_0) \tag{5-5}$$

π 对 p 的一阶导数、二阶导数，推导可知：

$$\frac{\partial \pi}{\partial p} = \alpha - 2\beta p + \theta e + \beta c_n - \tau\beta\Delta \tag{5-6}$$

$$\frac{\partial^2 \pi}{\partial p^2} = -2\beta < 0 \tag{5-7}$$

由于 $\frac{\partial^2 \pi}{\partial p^2} < 0$，可知 π 是关于 p 的凸函数，并在 $\frac{\partial \pi}{\partial p} = 0$ 处取最大值。根据一阶条件，得

$$\frac{\partial \pi}{\partial p} = \alpha - 2\beta p + \theta e + \beta c_n - \tau\beta\Delta = 0 \tag{5-8}$$

求解上述方程式可得出该企业的最优定价策略：

$$p^* = \frac{\alpha + \theta e + \beta c_n - \tau\beta\Delta}{2\beta} \tag{5-9}$$

命题 1：给定第一阶段选择的回收率 τ 和环保努力水平 e，第二阶段中回收制造企业的均衡定价策略如下：

$$p^* = \frac{\alpha + \beta c_n + \theta e - \tau\beta\Delta}{2\beta} \tag{5-10}$$

命题 1 中的均衡价格函数 p^* 可以解释如下。$\frac{\alpha + \beta c_n}{2\beta}$ 这一项表示在回收率与环保努力均为零的情况下（即 $\tau = 0, e = 0$）的基础价格，引入回收率和环保

努力水平方面的考虑将为价格函数增加两个分项。第一项 $\frac{\theta e}{2\beta}$ 表示企业的环保努力让具有环保意识的消费者更愿意多支付这一部分的价格,第二项 $\frac{\tau\beta\Delta}{2\beta}$ 表示由于企业以一定的回收率制造新产品所带来的成本节约,这部分节约使企业在产品销售方面具有一定的价格优势。

5.2.2　第一阶段:回收率与环保努力博弈

给定第二阶段的均衡结果,现在我们转向第一阶段的博弈,在此阶段,企业在一定制造成本节约的水平下权衡回收投资以达到某一回收率 τ,并确定企业的环保努力水平 e。解决第一阶段的回收率与环保努力的博弈,证明如下:

将均衡价格函数代入企业的利润函数可得出:

$$\pi^* = \left(\frac{\alpha + \beta c_n + \theta e - \tau\beta\Delta}{2\beta} - c_n + \tau\Delta\right)\left(\alpha - \beta\frac{\alpha + \beta c_n + \theta e - \tau\beta\Delta}{2\beta} + \theta e\right) - h\tau^2 + k(\tau - \tau_0)$$

$$(5-11)$$

进一步化简得:

$$\pi^* = \frac{1}{4\beta}(\alpha - \beta c_n + \theta e + \tau\beta\Delta)^2 - h\tau^2 + k(\tau - \tau_0) \qquad (5-12)$$

π^* 关于 τ 的一阶导数、二阶导数,推导如下:

$$\frac{\partial\pi^*}{\partial\tau} = \frac{\Delta}{2}(\alpha - \beta c_n + \theta e + \tau\beta\Delta) - 2h\tau + k \qquad (5-13)$$

$$\frac{\partial^2\pi^*}{\partial\tau^2} = \frac{\beta\Delta^2}{2} - 2h \qquad (5-14)$$

当 $\beta\Delta^2 < 4h$,$\frac{\partial^2\pi^*}{\partial\tau^2} < 0$,可知 π^* 是关于 τ 的凸函数,并在 $\frac{\partial\pi}{\partial\tau} = 0$ 处取最大值。根据一阶条件,得

$$\frac{\partial\pi^*}{\partial\tau} = \frac{\Delta}{2}(\alpha - \beta c_n + \theta e + \tau\beta\Delta) - 2h\tau + k = 0 \qquad (5-15)$$

求解上述方程式可得出该企业处于最大利润时:

$$\text{回收率}\,\tau^* = \frac{\Delta(\alpha - \beta c_n + \theta e) + 2k}{4h - \beta\Delta^2} \qquad (5-16)$$

同样地,将新产品生产函数也代入利润函数可得出:

$$\pi^* = \frac{1}{4\beta}[\alpha - \beta(c_f + \mu e^2) + \theta e + \tau\beta\Delta]^2 - h\tau^2 + k(\tau - \tau_0) \qquad (5-17)$$

将π^*对e求导,可知一阶导数、二阶导数如下:

$$\frac{\partial\pi^*}{\partial e} = \frac{1}{2\beta}[\alpha - \beta(c_f + \mu e^2) + \theta e + \tau\beta\Delta](\theta - 2\beta\mu e) \qquad (5-18)$$

根据π^*关于e的函数性质可知,该函数存在最大极值。由一阶条件可得:

$$\frac{\partial\pi^*}{\partial e} = \frac{1}{2\beta}[\alpha - \beta(c_f + \mu e^2) + \theta e + \tau\beta\Delta](\theta - 2\beta\mu e) = 0 \qquad (5-19)$$

令第二乘数项取零,可得出企业的最优环保努力决策为

$$e^* = \frac{\theta}{2\beta\mu} \qquad (5-20)$$

命题 2:在第一阶段,回收制造企业最大利润时的回收率为$\tau^* = \frac{\Delta(\alpha - \beta c_n + \theta e) + 2k}{4h - \beta\Delta^2}$,环保努力水平为$e^* = \frac{\theta}{2\beta\mu}$。

从命题 2 中我们可以发现,回收率τ与消费者环保意识θ以及奖惩系数k是正相关的,随着政府奖惩力度的提高、消费者环保意识的提高,企业的回收率也会提高。这意味着,政府要想提高企业的回收率,有两个政策工具都可以达到。既可以增强奖惩力度,也可以通过宣传教育提高消费者的环保意识。

环保努力水平e取决于消费者的环保意识水平θ,而与奖惩系数k无关。不难理解,消费者的环保水平越高,对环保类产品的偏好越高,所以企业所做的环保努力也会越多。

5.3　结果和讨论

在上一部分均衡分析的基础上,我们继续研究政府设立的奖惩系数和消费者环保意识水平对企业制造决策和相关利润的影响。目的是在面临此类问题时为企业和政府提供管理上的启示。

5.3.1　均衡价格

我们首先研究不同的问题参数如何影响企业的均衡价格。通过将第一阶段均衡决策代入第二阶段均衡价格函数,我们可以获得整个博弈中该企业的均

衡价格函数的表达式：

$$p^* = \frac{\alpha + \beta\left(c_f + \dfrac{\theta^2}{4\mu\beta^2}\right) + \dfrac{\theta^2}{2\mu\beta} - \dfrac{\Delta\left(\alpha - \beta\left(c_f + \dfrac{\theta^2}{4\mu\beta^2}\right) + \dfrac{\theta^2}{2\mu\beta}\right) + 2k}{4h - \beta\Delta^2}\beta\Delta}{2\beta}$$

$$(5-21)$$

化简得：

$$p^* = \frac{1}{2\mu\beta^2(4h - \beta\Delta^2)}\{2\mu\beta[2(\alpha + \beta c_f)h - \alpha\beta\Delta^2] + (3h - \beta\Delta^2)\theta^2 - 2\mu\Delta\beta^2 k\}$$

$$(5-22)$$

式子中，均衡价格函数由三部分组成。这个均衡价格函数的加和形式使我们能够分离每个因素的影响。为了便于说明，我们将分析分为以下两种情况。

情况 1：$k = 0$

在这种情况下，政府不制定奖惩政策。通过将奖惩系数设置为零，我们可以专注于改变消费者环保意识水平对博弈结果的影响。此时，$p^* = \dfrac{1}{2\mu\beta^2(4h - \beta\Delta^2)}\{2\mu\beta[2(\alpha + \beta c_f)h - \alpha\beta\Delta^2] + (3h - \beta\Delta^2)\theta^2\}$，我们能够看出含 θ 的这一项 $(3h - \beta\Delta^2)\theta^2$ 是一个正值，说明消费者意识对新产品的定价始终起促进作用。又 $\dfrac{\partial^2 p}{\partial\theta^2} > 0$，在 $\theta = 0$ 时取最小值，说明均衡价格会随着消费者环保意识水平的提高而增加，并具有边际递增的效果，见下图 5-1。推论 1 表明了消费者环保意识水平的提高对新产品定价的影响。

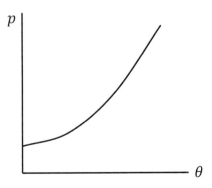

图 5-1　均衡价格与消费者环保意识水平效果图

推论 1:假设 $k=0$,其他条件不变的情况下,企业的新产品定价随着消费者环保意识水平的提高而增加,且具有边际递增的效果。

推论 1 说明,当政府通过环保宣传等措施,提高消费者的环保意识,消费者会更愿意购买环保类产品。即使企业因做出了更多的环保努力而提高了产品的价格,仍然会有更多的消费者愿意以更高的价格购买产品,企业也不会因此造成产品供给的大量过剩。这说明了消费者环保意识的提高对于企业将是有利的。

情况 2:$\theta=0$

在这种情况下,政府通过奖惩机制规定目标回收率和奖惩系数,但是消费者不具有环保意识。通过将消费者环保意识设置为零,我们可以专注于改变奖惩政策对博弈结果的影响。此时,$p^* = \dfrac{1}{2\mu\beta^2(4h-\beta\Delta^2)}\{2\mu\beta[2(\alpha+\beta c_f)h - \alpha\beta\Delta^2] - 2\mu\Delta\beta^2 k\}$,$\dfrac{\partial p^*}{\partial k}<0$。我们可以看出含 k 的这一项 $-2\mu\Delta\beta^2 k$ 是一个负值,说明奖惩制度对价格始终具有抑制的作用。推论 2 表明了政府规定的奖惩系数的增加对新产品定价的影响。

推论 2:假设 $\theta=0$,其他条件不变的情况下,企业的新产品定价随着政府奖惩力度的提高(即奖惩系数的增加)而降低。如图 5-2。

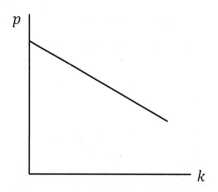

图 5-2　定价与政府奖惩力度趋势图

推论 2 说明,当政府提高了奖惩系数,企业会随着不断引进新技术或者回收处理设备而造成回收投资的增加,以提高回收制造中的实际回收率。由于再制造成本节约的影响,新产品的制造成本下降了,所以企业会适当降低新产品的价格,也不至于造成太大的损失。这说明了奖惩系数的提高对于消费者将是有利的。

5.3.2　均衡利润

我们继续研究不同参数对政府综合效益的影响。代入第一阶段的均衡决策,我们可以获得整个博弈中回收制造企业利润的表达式:

$$\pi^* = \frac{1}{4\beta}\left\{\alpha-\beta\left(c_f+\mu\left(\frac{\theta}{2\beta\mu}\right)^2\right)+\theta\frac{\theta}{2\beta\mu}+\frac{\Delta\left[\alpha-\beta\left(c_f+\mu\left(\frac{\theta}{2\beta\mu}\right)^2\right)+\theta\frac{\theta}{2\beta\mu}\right]+2k}{4h-\beta\Delta^2}\beta\Delta\right\}^2-$$

$$h\left(\frac{\Delta\left[\alpha-\beta\left(c_f+\mu\left(\frac{\theta}{2\beta\mu}\right)^2\right)+\theta\frac{\theta}{2\beta\mu}\right]+2k}{4h-\beta\Delta^2}\right)^2+k\left\{\frac{\Delta\left[\alpha-\beta\left(c_f+\mu\left(\frac{\theta}{2\beta\mu}\right)^2\right)+\theta\frac{\theta}{2\beta\mu}\right]+2k}{4h-\beta\Delta^2}-\tau_0\right\}$$

$$(5-23)$$

按照类似的方式,我们将分析分为以下三种情况。

情况 1:$\theta=0$

在这种情况下,政府制定奖惩政策规定目标回收率和奖惩系数,但是消费者不具有环保意识。通过将消费者环保意识设置为零,我们可以专注于改变奖惩政策对博弈结果的影响。此时,$\pi^* = \frac{1}{4\beta}\left[\alpha-\beta c_f+\frac{\Delta(\alpha-\beta c_f)+2k}{4h-\beta\Delta^2}\beta\Delta\right]^2-h$

$\left[\frac{\Delta(\alpha-\beta c_f)+2k}{4h-\beta\Delta^2}\right]^2+k\left[\frac{\Delta(\alpha-\beta c_f)+2k}{4h-\beta\Delta^2}-\tau_0\right]$,$\frac{\partial^2\pi^*}{\partial k^2}=\frac{2}{4h-\beta\Delta^2}>0$。当 $\frac{\partial\pi^*}{\partial k}=$

$\frac{\Delta(\alpha-\beta c_f)-\tau_0(4h-\beta\Delta^2)+2k}{4h-\beta\Delta^2}=0$,即 $k=\frac{\tau_0(4h-\beta\Delta^2)-\Delta(\alpha-\beta c_f)}{2(4h-\beta\Delta^2)}$,企业

的利润 π 取最小值。推论 5 表明了政府规定的奖惩系数的增加对企业利润的影响。

推论 3:假设 $\theta=0$,其他条件不变的情况下,企业的利润首先会下降,然后随着政府奖惩力度的提高而上升。如图 5-3。

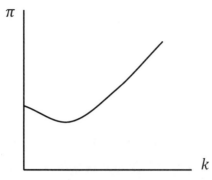

图 5‑3　企业利润与政府奖惩力度趋势图

推论 3 说明,起初政府提高奖惩系数,虽然由于成本节约的影响,制造成本下降了,但是并不会马上带来企业的收益。而当政府奖惩力度的进一步提高,成本节约带来的收益和奖惩收益足以弥补企业为提高回收率所产生的投资时,企业的利润会随之不断提高。

情况 2:$k=0$

在这种情况下,政府不制定奖惩政策,而消费者具有一定的环保意识。通过将奖惩系数设置为零,我们可以专注于改变消费者环保意识对博弈结果的影响。

此时,$\pi^* = \dfrac{1}{4\beta}\left\{\alpha - \beta\left(c_f + \mu\left(\dfrac{\theta}{2\beta\mu}\right)^2\right) + \theta\,\dfrac{\theta}{2\beta\mu} + \dfrac{\Delta\left[\alpha - \beta\left(c_f + \mu\left(\dfrac{\theta}{2\beta\mu}\right)^2\right) + \theta\,\dfrac{\theta}{2\beta\mu}\right]}{4h - \beta\Delta^2}\right.$

$\left.\beta\Delta\right\}^2 - h\left\{\dfrac{\Delta\left[\alpha - \beta\left(c_f + \mu\left(\dfrac{\theta}{2\beta\mu}\right)^2\right) + \theta\,\dfrac{\theta}{2\beta\mu}\right]}{4h - \beta\Delta^2}\right\}^2$,$\dfrac{\partial^2 \pi^*}{\partial\theta^2} > 0$。当$\dfrac{\partial\pi^*}{\partial\theta} = 0$,企业的利润$\pi$ 取最小值。推论 4 表明了消费者环保意识的提高对企业利润的影响。

推论 4:假设 $k=0$,其他条件不变的情况下,企业的利润首先会下降,然后随着消费者环保意识的提高而上升。如图 5‑4。

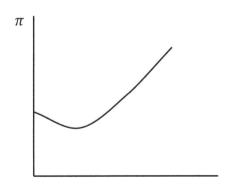

图 5‒4　企业利润与消费者环保意识趋势图

　　推论 3 说明,起初消费者意识提高,企业会投入更多的环保努力而产生更多的成本,同时消费者意识提高也会引起企业回收率的提高,因此企业还要投更多的回收投资。而当消费者环保意识的进一步提高,产品价格提高所带来的收益和奖惩收益足以弥补企业为此产生的成本投资时,企业的利润就会随之提高。

　　情况 3:$k \cdot \theta > 0$

　　在这种情况下,政府制定奖惩政策,同时消费者具有一定的环保意识。我们通过数值模拟来验证结果。

　　推论 5:假设 $k \cdot \theta > 0$,其他条件不变的情况下。

5.3.3　管理启示

　　在第 3 节中,我们分析了同时存在政府奖惩制度和消费者环保意识的两阶段博弈过程。然后,在第 4 节中,我们介绍了回收制造企业的定价策略以及利润如何取决于各种问题参数。现在,总结我们的主要发现,并强调它们对企业和政府的管理意义。

　　以上结果证实,提高奖惩力度或提高消费者的环保意识可以促使企业提高回收率,也会促进企业利润的提高。但是,这两个杠杆对企业和政府的策略有不同的含义。

　　均衡结果表明,对于回收制造企业来说,企业的产品定价会随着消费者环保意识的提高而上涨,随着政府奖惩力度的提高而下降。当政府通过环保宣传等措施,提高消费者的环保意识,消费者会更愿意购买环保类产品。即使企业因做出了更多的环保努力而提高了产品的价格,仍然会有更多的消费者愿意以更高的价格购买产品,企业也不会因此造成产品供给的大量过剩。消费者环保意识的提高对于企业将是有利的。当政府提高了奖惩系数,企业会随着不断引进新技术或者回收处理设备而造成回收投资的增加,以提高回收制造中的实际回收率。由于再制造成本节约的影响,新产品的制造成本下降了,所以企业会适当降低新产品的价格,也不至于造成太大的损失。奖惩系数的提高对于消费者将是有利的。

企业的利润首先下降,然后随着消费者环保意识的提高而上升;首先下降,然后随着政府奖惩力度的提高而上升。起初消费者意识提高,企业会投入更多的环保努力而产生更多的成本,同时消费者意识提高也会引起企业回收率的提高,因此企业还要投更多的回收投资。而当消费者环保意识的进一步提高,产品价格提高所带来的收益和奖惩收益足以弥补企业为此产生的成本投资时,企业的利润就会随之提高。起初政府提高奖惩系数,虽然由于成本节约的影响,制造成本下降了,但是并不会马上带来企业的收益。而当政府奖惩力度的进一步提高,成本节约带来的收益和奖惩收益足以弥补企业为提高回收率所产生的投资时,企业的利润会随之不断提高。

对于政府来说,提高奖惩系数和提高消费者意识,都会促进企业回收率的提高。而通过环保宣传提高消费者意识,将会使企业的定价上涨,同时企业的利润会先下降后上升。通过政策规定提高奖惩系数,将会使企业的定价下降,同时企业的利润先下降后上升。从消费者和企业的角度来看,针对中央计划者的适当的增收策略是首先提高消费者的环保意识,然后提高奖惩系数。这种策略激励企业投资于增加回收率的活动,而又不会引起产品价格和企业利润的急剧变化。

第 6 章
基于心理距离的废旧电子产品回收策略分析

  虽然当前政府和企业已经开始重视废旧电子产品回收的相关工作,但其整体的工作还围绕着整个的废旧电子产品回收治理过程,并把重心更多地放在废旧电子产品回收的下游阶段,也即治理阶段。而上游的回收阶段却没有引起相关方足够的关注,存在很大的不确定性,也没有相对规范的实施办法。因此,为了能更有效地规范废旧电子产品的回收治理、循环与再利用的流程,政府和企业需要建立更为有效的废旧电子产品逆向物流体系。而逆向物流体系的建立,首先在于回收的环节,回收过程本就是一个环境问题处理过程。环境问题从根本上来说又是社会问题的一种,其解决的关键离不开民众的配合与参与。而且综合来看,从居民出发的举措能够避免在源头上的污染和防止"先污染后治理"的现象发生,总的来说这个自我控制的过程往往能够达到成本最低、相对效益最高。所以,从居民出发的举措是从源头解决问题的根本途径。但是目前一些关于废旧电子产品回收的研究重心却并不在其源头上,从居民的心理距离和环境行为角度出发的研究更是不充分,因此,本章将着重研究居民心理距离和环境行为,进一步明确其环境参与行为的影响机制,完善相关研究领域,并为废旧电子产品回收管理提供对策建议。

  对于居民这一主体,虽然其本身对废旧电子产品的污染情况会有一定的认知,但人们总是习惯地认为污染所造成的环境变化只会影响到若干年后的人们,从而就在人们的心理上增加了时间距离感,而对于社会距离、空间距离、概率距离也是同样的道理。于是,对于废旧电子产品回收这件事,人们也会在心理上认为其所带来的环境危机是遥不可及的[139],而根据风险的社会放大理论可知,这种心理距离的增大会减少人们对于风险的认知[140]。反之,我们可以推测如果居民对环境的心理距离能够缩小,那么人们对环境风险的感知将更加敏感,从而促进居民环境行为的产生[141]。

于是,本章的研究重点将放在废旧电子产品的回收阶段,从居民对废旧电子产品的心理距离、回收意向和回收行为出发,通过结合心理距离的相关理论如后果严重性理论、环境行为理论、解释水平理论等,识别居民参与废旧电子产品回收的心理距离和行为的相关因素,从而得出居民回收行为的中间影响环节。通过结合居民对于废旧电子产品回收行为的认知情况,将心理距离、环境意识等个体差异变量引入到行为影响模型当中,对各个变量之间的关系进行推理分析,提出本章的理论假设。然后,在此基础上,确定居民废旧电子产品回收行为的理论模型,进而通过实证研究分析该模型对居民的废旧电子产品回收行为的相关解释和各因素对居民行为的影响程度,并根据以下目标进行实现。

第一,基于后果严重性理论和环境行为理论,并且通过解释水平理论和心理距离理论加入个体差异的因素,确定废旧电子产品回收行为的理论模型,进而提出研究假设。

第二,根据所构建的概念模型设计研究量表,进而进行本章最后的调查问卷设计。并且对设计好的调查问卷进行预调查,检验量表的信效度,进而确定好最终的问卷,并进行大规模的发放。

第三,运用统计学的软件 SPSS 分析问卷的信效度和进行描述性分析;运用 SPSS 相关分析进而确定概念模型对废旧电子产品回收行为的解释力度和相关变量对废旧电子产品回收行为的影响程度。

第四,对数据分析的结论进行总结与梳理,确定各个因素对废旧电子产品回收行为的影响关系。

第五,根据实证研究的结论,从心理距离的角度对促进居民产生废旧电子产品回收行为提出实际的对策与建议。

6.1 相关理论基础

6.1.1 心理距离理论

心理距离是一种社会心理学的术语,其表现了个体间或个体面对群体时的主观感受,包括亲近、接纳或是难以相处等状况,是指个体在态度、行为和感情上的疏密程度。当事物在心理上以不同的维度进行分散时,就会产生不同的心理距离。它包含了时间距离、空间距离、概率距离和社会距离四种维度,涉及了对象的时间性、空间性、概率性和社会性。

　　例如在以当下为时间距离的参考点时,个体可以感受到对象时间距离的远近;以自己为参考点时,个体可以感受到自己与他人关系的亲疏,也即社会距离;以此地为空间距离的参考点时,个体可以感受到空间距离的远近;以现实为概率距离的参考点时,个体可以感受到对象产生的可能性大小,也即概率距离。

　　在学者对心理距离与环境参与行为的相关研究中,Spence 等人用心理距离和解释水平理论调查了英国的居民基于气候变化因素的能源使用意向[142],调查结果发现,时间距离、空间距离和社会距离越近的情况下,个体对能源节约行为的参与度更高。又有学者考察了心理距离对水污染的严重程度评估的影响[143],结果表明,概率距离和社会距离都会对个体评价水污染的严重程度产生相应的影响。并且国内学者佘升翔[144]通过构建心理距离模型指出,环境风险的判断可以由个体感知到的风险心理距离决定。何贵兵等学者[145]研究发现,心理距离会对风险选择产生影响,当社会距离、概率距离、时间距离越远时,人们更愿意选择较大风险和延迟的选项。

　　古晓花等指出,心理距离与个体的后悔程度正相关,更近的心理距离会导致更高的后悔程度[146]。杜秀芳等研究发现,社会距离、空间距离、时间距离对判断预测中的趋势阻尼有影响,远的时间距离和社会距离会产生更大的阻尼,空间距离对阻尼的影响则不太显著[147]。Mir 等人通过对居住在德黑兰地区民众的交通方式选择意向研究后得出,心理距离对被调查人交通方式的选择并没有显著的影响[148]。Riva 等学者在研究中得出,心理距离和环境参与意愿间存在显著的负相关[149]。综合分析可知,心理距离理论在环境参与行为的研究中十分适用,那么在回收行为和居民回收参与意愿中也有很强的适用性。

6.1.2　后果严重性理论

　　后果严重性指的是事件的结果对人们的生活所产生的影响程度,影响程度越大,问题后果越严重;反之,问题后果越不严重。后果严重性的程度往往受到个体对风险的认知以及认知评价的影响。由于人类本身会自觉地躲避身边的灾害,因此,在后果严重的决策任务中,决策者的决策会更加保守,后果严重性也会影响个体的决策或行为[150,151]。

在后果严重性与垃圾回收行为参与意愿的研究中,Clayton 和 Doherty[152]指出,个体对气候变化的认知结果可以提高环境负责行为。Snider,Fusco 和 Luo[153]对约 500 多名美国学生进行调查发现,环境参与意愿与问题后果严重性相关,人们对环境问题的看法和认知对其环境行为有指导意义。Masud[154]等人在研究中发现,当个体充分认识到环境问题后果的严重性时,就会对环境保护持积极态度,但是还无法显著预测到个体的环境参与意愿和参与行为。除以上研究之外,通过文献分析还发现公众的环境污染感知程度越高,环境参与意愿就越高[155]。当人们认为环境所造成的后果严重性偏小时,往往会导致环境参与意愿的下降,反之,则上升。总体来说,人们主观认为的后果严重性往往和环境参与意愿的高低成正相关。

在一定程度上,自发的环境参与行为可以视作道德行为的一种,并且后果严重性往往能够体现问题的道德特征,也就会影响个体的道德决策。也有学者在研究中设计了道德强度的后果严重性、社会共识以及接近性等成分[156],发现社会共识的效应显著,却没有发现后果严重性的影响效应,而接近性也只有十分微弱的效应。因此,对于后果严重性对环境参与意愿的影响还没有一致的结论。

6.1.3 解释水平理论(CLT)

解释水平理论(construal level theory,CLT)认为,个体对所对应的客体认知的心理距离远近决定了解释水平的高低,影响人们的道德判断结果,从而影响个体的判断与决策[157]。人们对于感知的心理距离较远的事情,往往采用较高的水平进行解释,人们将会根据自己的感知对事情进行相应的赋权,进而这些感知会影响人们的选择和偏好[158]。

解释水平理论是以时间解释理论为基础发展而来的,其核心观点是,由于对事物的认知过程存在抽象程度的差异,个体的心理表征可分为高、低两个不同的解释水平。在时间解释理论里,个体关于对象的决策会受到事件发生时的时间距离的影响。在较远的时间距离条件下,事物核心的、抽象的、整体的特征和信息更容易受到关注。而在较近的时间距离条件下,事物的外围的、具体的、细节化的信息更容易受到关注。随着研究的不断进行,学者们发现,除时间距离以外,概率距离、社会距离、空间距离同样对事物的表征方式产生影响,解释水平理论在这种情况下应运而生。因此,心理距离通过影响了解释水平,从而影响了个体对对象的表征方式。

6.1.4　计划行为理论与环境行为理论

计划行为理论(TPB)指出人的行为是经过本人仔细思考之后所产生的结果[23,24]。其基于理性行为理论并认为人的行为态度、主观规范和直觉控制行为能够在一定程度上影响人的行为意向进而影响人的实际行为。

环境行为理论中的环境行为是指个体对环境间接和直接施加影响的活动的总称。根据活动方式的不同可以分为作为环境行为和不作为环境行为,作为环境行为指的是根据环保的需要进而去要求个体应该从事的活动;不作为环境行为是指根据环境法的要求,个体需要主动抑制的环境行为,也称作禁忌行为。按照活动的作用分为消极环境行为和积极环境行为,消极环境行为是可能危害环境保护的,对环境产生负面影响的活动;积极环境行为是能够促进环境保护,对环境产生积极影响的活动。按照环境与活动间的关系可以分为间接环境行为和直接环境行为,间接环境行为是指个体不直接接触或者作用于客观环境,而是通过影响直接环境行为对客观环境产生作用的行为,例如环境司法活动、环境立法活动、环境决策活动;直接环境行为是指个体的行为直接对客观环境及要素产生作用,例如猎杀保护动物。

环境行为理论是把环境心理学相关的理论与设计和规划联系起来的,因此具有较强的实践性。环境影响人的心理,同时心理作用于人的行为,在不同的环境情况中,人的心理变化和心理需求是复杂多样的也是动态的,因此环境系统是非常复杂的,人与环境的关系就会出现多种可能性。环境行为学理论将人所处的环境和人的心理作为一个整体来研究,以寻找环境与人之间的相互关系。

6.1.5　心理距离及行为相关理论模型构建

在从心理距离的角度进行居民的废旧电子产品回收行为的研究时,核心在于心理距离对居民废旧电子产品回收行为的影响机制研究。在这之前,Menon等人在研究个体风险感知和时间距离的关系时得出,在用近距离来描述风险的情况下,人们对风险的认知显得更为具体(低的解释水平),人们可感知到的后果严重性就越高。当用远距离来描述风险的情况下,人们对风险的认知显得更抽象(高的解释水平),因此可感知到的后果严重性就越低。Trope 等人在调查中指出[161],当个体进行决策时,心理距离越近,越能够增加个体对风险的担忧和敏感,风险规避会在一定程度上增加,进而会影响决策。

这也与人们在日常生活中的感受相一致,即人们往往对距离其时间、空间及社会距离较远的隐患,有相对薄弱的危险意识和规避意识,而对距离个体较近的问题有更加紧密的关注和参与意识。一方面心理距离对环境参与意愿产生了影响,另一方面每个个体对于风险的敏感度也不一样,对于风险敏感的个体往往会对环境的参与意愿较为强烈,而对于风险不敏感的个体相比之下对于环境的参与意愿比较薄弱。这些分析主要包括心理距离理论中的时间距离、空间距离、概率距离和社会距离,以及后果严重性理论和环境行为理论,由此可知,居民心理距离视角下的废旧电子产品回收策略研究理论基础和概念模型如图 6-1 所示。

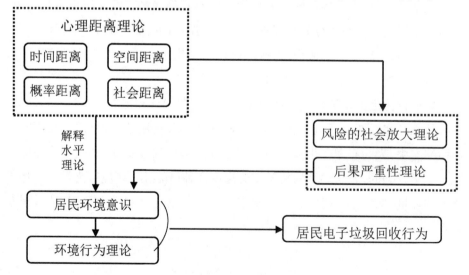

图 6-1　居民废旧电子产品回收理论概念模型

由图 6 - 1 可知,本章的概念模型包括三大部分。第一部分是模型的主要研究部分,也是居民废旧电子产品回收的主要视角,即心理距离理论,主要分为时间距离、空间距离、概率距离和社会距离;第二部分为心理距离对居民环境行为的影响作用机制中涉及的理论,主要有三个理论,一是后果严重性理论,二是风险的社会放大理论,三是解释水平理论,用于讨论心理距离是如何对居民废旧电子产品回收行为产生影响的;第三部分是研究的下游部分,也即最终影响的因变量——居民的环境意识与回收行为,该部分主要涉及的是环境行为理论,最终居民的环境意识会作用于居民对废旧电子产品进行回收的行为。

6.2　研究设计

近年来虽然国家和社会对于废旧电子产品回收方面的问题越来越重视,但总体上来说,国家对此方面的政策形成和监督机制还不够全面[137]。杨宝灵等人[138]研究表明我国的废旧电子产品回收法律体系尚不完善,缺少对于废旧电子产品产生的相关方和居民等最终电子产品的使用方的约束条款。这也间接导致了居民对于废旧电子产品回收的意愿不够强烈、配合政府和企业相关回收活动的力度不够大。而这一方面,作为废旧电子产品回收的第一阶段,也是废旧电子产品回收体系建立的一个很重要的突破点。

6.2.1　居民废旧电子产品回收行为的研究假设与模型

本节通过对心理距离相关研究现状的分析和讨论,提出了关于心理距离是如何对居民回收行为产生影响的一些假设,然后建立了其相互联系的假设模型。

6.2.1.1　心理距离对居民回收行为的影响假设

针对回收行为,国外早在 1995 年,就有相关研究利用元素分析等方法,将影响消费者回收行为的因素分为四类,即内部激励、外部激励、内部促进因素、外部促进因素[162]。其中,内部促进因素指的是居民本身的认知对其行为的影响,又包括相关的知识结构和所能获得的效益,而与之相关的 Gamba 等人研究出回收的相关知识能够促进人们进行回收行为[163],Werner 等人研究证明了回收协议的签署能够使得居民更倾向于参与回收行为[164]。在嵌入了心理距离的解释水平理论中，这些知识和协议对行为意愿的影响现象可以被定义为人们在时间、空间、社会、概率四个维度上的主观感知。虽然解释水平理论在其四种维度的策略表达中表示旨在缩小心理距离，但其进一步解释却并没有明确地说明是否由于心理距离的变化才产生的认知与行为的相关改变，研究仍然存在争议。

气候的变化与环境有着密切关系，气候变化这类环境问题的复杂性意味着心理距离和无数其他因素（如意识形态、价值观和对气候变化的群体规范）可能会相互作用，影响人们的行为。另外有相关研究表明在气候保护这一方面，人们的心理距离与其行为意图之间是存在负相关的[165]。但是，似乎与之相矛盾的是人们发现对于发展中国家的社会、空间距离的感知却能够积极地影响人们保护气候的行为意图。同样的，在其他研究中，也发现社会空间的接近性并不会影响人们对于政策的支持和缓解气候变化的行为意图[166]。Irene 等人认为，以这种"心理上的疏远"方式感知气候变化，会降低接受气候变化的现实和影响的可能性，从而有可能减少对缓解行动乃至适应性行为的支持[167]。与之相反，也有研究表明沟通社会空间的缩小能够增加自我报告的气候变化参与度，也即能够增加其相关的意识[168]。这是在气候变化参与的这一方面心理距离的研究情况，两种倾向性的研究都有各自的结果，但具体心理距离各个维度是如何对人们行为参与意愿产生影响的，仍然尚无定论。

于是，针对以上分析和与理论部分的结合，本章根据心理距离的四个方面对回收行为的影响做出以下假设。

H1：时间距离对居民废旧电子产品回收参与意愿有显著影响，且时间距离越小，意愿越强烈。

H2：空间距离对居民废旧电子产品回收参与意愿有显著影响，且空间距离越小，意愿越强烈。

H3：概率距离对居民废旧电子产品回收参与意愿有显著影响，且概率距离越小，意愿越强烈。

H4：社会距离对居民废旧电子产品回收参与意愿有显著影响，且社会距离越小，意愿越强烈。

6.2.1.2　心理距离对居民认为的环境事件后果严重性影响假设

后果严重性在此处指当一些风险或者问题发生时,人们对其所给自己和其他人带来的损失严重性的一个预计值。有相关研究表明,不考虑后果严重性的影响且在人身安全的情境中,人们通常为最好的朋友决策最保守而为自己和陌生人的决策较为冒险[169],也即人们对与自己社会距离近的人会做更大的后果严重性评估,进而做出保守的决策。以此类推,可以从类似情景的社会距离更多地扩展到心理距离的其他三个维度,于是可以根据此项研究进行以下假设提出。

H5:时间距离对居民认为的环境事件后果严重性有显著影响,且时间距离越小,居民认为后果严重性越大。

H6:空间距离对居民认为的环境事件后果严重性有显著影响,且空间距离越小,居民认为后果严重性越大。

H7:概率距离对居民认为的环境事件后果严重性有显著影响,且概率距离越小,居民认为后果严重性越大。

H8:社会距离对居民认为的环境事件后果严重性有显著影响,且社会距离越小,居民认为后果严重性越大。

6.2.1.3　居民认为的后果严重性对其废旧电子产品回收意愿的影响假设

当人们对一个行为产生评估时,如果认为这件事情对其自身是有利的,那么人们做这件事情的意愿会上升,意愿也可以解释为做某件事的意向。当一个人的行为受到的外界阻碍越小,往往产生行为的意愿越高[170],而后果严重性认知会很大程度上影响或者反映人们对做这件事阻碍力的判断。另外由于环境参与意愿反映一定程度上的道德水平,而结果的大小也即后果严重性的程度能够通过对道德因素的影响进而改变环境参与意愿[171]。因此,我们可以提出以下假设。

H9:后果严重性对居民废旧电子产品回收参与意愿有显著影响,且严重性越大,意愿越强烈。

6.2.1.4　意愿对行为的影响假设

根据理性行为理论的解释,个体的行为意向大概率上决定其行为。但其前提是个体行为能够完全由其自身控制。有研究在对消费者购买意愿的调查中发现人们的行为态度更能够引发其购买行为[172];同样的,在人们上网的过程中,当相关内容引起人们认可度上升时,人们容易进行转发行为的产生[173]。另外,在计划行为理论的解释中认为意愿是消费者行为最直接的前因变量。

　　H10:居民废旧电子产品回收意愿越强烈,其回收参与行为越明显。

　　综合以上假设之间的相互连接关系,本章假设模型如图 6-2 所示。

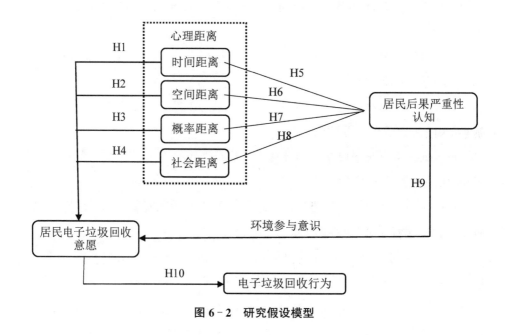

图 6-2　研究假设模型

6.2.2　研究思路设计

　　因为本章的调查需要被调查者的真实回答和配合,为了保证问卷的质量和研究的有效性,问卷拟好后,首先通过小范围的问卷进行衡量心理距离的变量远近显著性的区分,并据此对问卷进行进一步的修订和完善,确定最终调查问卷和进行网络问卷发放以获得调查数据。

　　本章在大规模的发放问卷之前做好了以下的准备工作:①结合文献综述中变量的测量方法,以及对居民调查来设计本章所要发放的调查问卷的问题。②通过和老师以及专家的咨询和交流,分析理论模型的合理性,以及调查问卷的科学性,进行持续的改进。③将初步设计好的调查问卷进行预调查,通过因子的分析进行变量的修正。④进行正式调查问卷的发放,通过统计方法进行理论模型和假设模型的验证。综合以上的分析,本章的问卷调查与研究可以分为以下三个部分:

(1)文献调查与访谈。文献阅读是为了参考前人的研究方法和一些有效的变量指标进行初步的问卷框架设计,再通过了解居民对废旧电子产品回收的态度,进而在老师和专家的指导下对问卷的具体问题进行设计,全面参考使得问卷更加合理化与科学化。

(2)预调查。在小部分人的范围内进行初步问卷的发放,并配合被调查者对发放的问卷的认知情况调查,从而检测问题是否符合大众的理解,会不会有理解偏差。对所选取的变量在被调查者处的距离感受情况进行初步测定,并参考问卷的结果进行因子分析,从而整理问卷,尽可能保证问卷是有效的,从而才能实现我们想要的被调查者最初始的观点。

(3)正式调查。通过预调查的分析和进一步思考,进行问卷内容的持续改进与其他相关内容的补充,最终形成正式调查的问卷,并在网络上进行发放,通过对收集的问卷数据用统计学方法分析来检验前文所建立的理论模型和假设等。

6.2.3 预调查设计

在正式问卷确定和发放之前进行问卷的预调查,采用预调查问卷,主要是为了了解选取的表述心理距离中的时间距离、空间距离、概率距离和社会距离的相关变量在被调查者认知中是否明显地区分距离感,在其认为的后果严重性的变量中是否足以区分后果严重大小以及问题的提问方式是否符合大众的认知。

预调查问卷题目设置为五分 Likert 量表,1～5 随对应数字增大表明心理距离越远。预调查主要通过网上发布和收集问卷开展,考虑到前测的样本量在 25～75 之间足以检测出题目是否有差异[174],所以预调查共回收有效问卷 30 份。

6.2.4　正式调查设计

6.2.4.1　问卷设计

在正式调查问卷的设计中,主要分为两个大部分,即被调查者基本情况调查和具体问题的设置。从问卷调查的目的出发,在具体问题的结构上有四大部分:一是为了调查时间距离、空间距离、社会距离、概率距离对居民废旧电子产品回收意愿的影响;二是为了调查时间距离、空间距离、概率距离、社会距离对人们对于后果严重性认知的影响;三是关于人们对于后果严重性的认知是如何影响居民废旧电子产品回收意愿的调查;四是关于居民废旧电子产品回收意愿是如何影响人们废旧电子产品回收行为的调查。

在本问卷的题项设置上,针对 H1～H4 有以下对应关系:第 6 题与第 9 题对应了时间距离对人们废旧电子产品回收意识的影响,即 H1;第 12 题与第 15 题对应了空间距离对人们废旧电子产品回收意识的影响,即 H2;第 18 题与第 21 题对应了概率距离对回收意识的影响,即 H3;第 24 题与第 27 题对应了社会距离对回收意识的影响,即 H4。

针对 H5～H8 有以下对应关系:第 7 题与第 10 题对应时间距离对人们后果严重性认知的关系,即 H5;第 13 题与第 16 题对应空间距离对人们后果严重性认知的关系,即 H6;第 19 题与第 22 题对应概率距离对人们后果严重性认知的关系,即 H7;第 25 题与第 28 题对应社会距离对人们后果严重性认知的关系,即 H8。

而第 8、11、14、17、20、23、26、29 题对应的是人们对后果严重性的认知对人们废旧电子产品回收意识的影响,即 H9;第 30、31、32、33 题和第 34、35、36、37 题对应的是 H10。如表 6 - 1 所示。

表 6-1　题项分布表

对应假设	对应题目	对应假设	对应题目
心理距离 ↓ 废旧电子产品回收意识 （H1～H4）	Q6	后果严重性认知 ↓ 废旧电子产品回收意识 （H9）	Q8
	Q12		Q11
	Q18		Q14
	Q24		Q17
	Q9		Q20
	Q15		Q23
	Q21		Q26
	Q27		Q29
心理距离 ↓ 后果严重性认知 （H5～H8）	Q7	废旧电子产品回收意识 （H10）	Q30
	Q13		Q31
	Q19		Q32
	Q25		Q33
	Q10	废旧电子产品回收行为 （H10）	Q34
	Q16		Q35
	Q22		Q36
	Q28		Q37

6.2.4.2　问卷数据收集

问卷是通过网络进行发放和收集的，本次调查共回收有效答卷 307 份，表 6-2 为被调查者的样本分布情况。

表 6-2　样本分布情况表

类别	细分	次数	百分比	累计百分比
性别	男	111	36.2%	36.2%
	女	196	63.8%	100%

（续表）

类别	细分	次数	百分比	累计百分比
年龄	18～29 岁	187	60.9%	60.9%
	30～39 岁	79	25.7%	86.6%
	40～49 岁	33	10.7%	97.4%
	50～59 岁	8	2.6%	100%
教育程度	高中及以下	13	4.2%	4.2%
	大专	131	42.7%	46.9%
	本科	140	45.6%	92.5%
	硕士及以上	23	7.5%	100%
月收入	3 000 元或以下	175	57%	57%
	3 001～9 000 元	115	37.5%	94.5%
	9 001～12 000 元	17	5.5%	100%
职业	学生	190	61.9%	61.9%
	企业职员	45	14.7%	76.5%
	公务员	72	23.5%	100%

由此样本分布可以看出，性别上女性多于男性，但对于此调查问卷所设计的研究主题，此性别分布是比较合理的；在年龄分布上，中、青年人所占的比例最高，而对于废旧电子产品回收，这也是最主要的参与主体，因此可以反映实际的情况；对于受教育程度来说，主要集中在大专与本科学历上，也有部分高中及以下和硕士及以上的人群，可知，总体样本对于调查问卷的理解程度是可以得到保障的；在收入与职业方面，3 000 元以下的收入人群较多，这是由于学生偏多的原因，与问卷发放方式有关系，但总体来说在可预测范围内，相对合理。

6.3　问卷数据分析

本节内容主要在上一节的基础上，进行问卷收集数据的进一步处理，并利用统计工具和方法去验证已建立的概念模型是否在现实调研中成立和检验理论假设的合理性，为下文的讨论提供支持。

6.3.1　预调查数据显著性分析：T 检验

预调查的结果与分析主要是为了考察正式调查问卷衡量距离远近的指标能否被受试者显著地进行区分，主要将数据采取显著性分析的方式进行处理，结果如表 6-3 所示。

表 6-3　预调查指标区别显著性检验

	表述	N	平均数	标准偏差	T	df	P（双尾）
时间距离	目前	30	2.57	1.278	11.000	29	.000
	100 年后	30	3.17	1.289	13.458	29	.000
空间距离	居住地	30	2.50	1.196	11.447	29	.000
	巴西	30	4.00	1.114	19.664	29	.000
概率距离	危害健康	30	2.23	0.971	12.592	29	.000
	星体相撞	30	3.60	1.429	13.801	29	.000
社会距离	好朋友	30	2.37	1.245	10.410	29	.000
	陌生网友	30	3.07	1.311	12.809	29	.000

由表中数据可知，在被调查者的心理距离中，由于各组数据的 P 值均小于 0.05，则说明每组心理距离下两种表述存在显著差异，也即"目前"与"100 年后"能够显著区分时间距离的远近、"居住地"与"巴西"能够显著区分空间距离的远近、"危害健康"与"星体相撞"能够显著区分概率距离的远近、"好朋友"与"陌生网友"能够显著区分社会距离的远近。因此上述因素的表述可以用来进行正式调查问卷的设计。

6.3.2　正式调查结果信效度检验

信度检验主要是为了检验问卷的可靠程度，也叫做一致性程度。其通常用相关系数进行表示，本章主要采用 Cronbach α 系数法来检测问卷中反映同一问题的变量其内部一致性。因此针对反映同一问题的因素之间的一致性，进行信度检验，而本问卷所涉及的第 8、11、14、17、20、23、26、29 题，这八个题目共同反映了人们对于后果严重性的认知程度对于人们废旧电子产品回收意愿的影响,因此需要进行内部一致性检验;同样的第 30、31、32、33 题共同反映了人们的回收意识,第 34、35、36、37 题共同反映了人们的回收行为,需要分别进行一致性检验。效度是指测量题项是否能够反映出要考察的内容,检验出的结果越接近所要研究的内容,则效度越高。本章选用 Kaiser-Meyer-Olkin 系数和巴特利球形检验进行效度分析。

因此对需要检验的各项进行信效度检验,如表 6-4 所示。

表 6-4 信效度检验表

对应假设	对应题目	Cronbach α 系数	KMO 系数	Bartlett 球形检验 大约卡方值	df	显著性 P
后果严重性认知 ↓ 废旧电子产品回收意识 (H9)	Q8					
	Q11					
	Q14					
	Q17	0.790	0.733	3451.472	28	.000
	Q20					
	Q23					
	Q26					
	Q29		0.846	6416.855		
废旧电子产品回收意识 (H10)	Q30					
	Q31	0.872	0.704	997.240	6	.000
	Q32					
	Q33					
废旧电子产品回收行为(H10)	Q34					
	Q35	0.702	0.682	301.986	6	.000
	Q36					
	Q37					

由此可知,在本章中需要内部一致性检验的题目,主要反映后果严重性认知、废旧电子产品回收意识、废旧电子产品回收行为因素,其中的 Cronbach α 系数分别为 0.790、0.872、0.702,均大于 0.7,具有很好的信度,数据可以用来进

行下一步的研究。总体来说,该问卷信度良好。

　　在进行效度分析时,利用 KMO 值和 Bartlett 球形检验对数据进行分析,根据结果可知,最低的 KMO 值为 0.682,也大于 0.6,且数据通过 Bartlett 球形检验 $P<0.05$,满足因素分析的要求,可以进行因素分析研究。因此,本章采用主成分分析法,通过因子分析,得到探索性的因素分析结果。第一次进行的旋转成分矩阵,发现有三个问卷问题 Q17、Q29、Q32 对应关系不符,在进行相应调整后,重新分析如表 6-5、表 6-6 所示。

表 6-5　旋转成分矩阵 a

	元件		
	1	2	3
Q26	.913		
Q8	.913		
Q20	.786		
Q11	.671		
Q14	.550		
Q23	.515		
Q30		.922	
Q33		.879	
Q31		.730	
Q34			.828
Q36			.794
Q35			.614
Q37			.546

提取方法:主成分分析法

旋转法:具有 Kaiser 标准化的正交旋转法

a.旋转在 6 次迭代后收敛

表 6‑6 解释的总方差

成分	起始特征值			提取的载荷平方和		
	合计	方差的%	累积%	合计	方差的%	累积%
1	6.992	43.702	43.702	6.992	43.702	43.702
2	2.783	17.394	61.095	2.783	17.394	61.095
3	1.768	11.053	72.148	1.768	11.053	72.148

提取方法:主成分分析法

结合以上两个表格的成分分析表明,三个成分可以解释总方差的72.148%,具有相对较高的代表性,且提取的成分与假设相符,效度检验通过。

综合以上检验,可知问卷数据已经通过了信效度检验,具有良好的信度与效度。

6.3.3 正式调查:心理距离与居民废旧电子产品回收参与意愿相关性检验

(1)H1:时间距离对居民废旧电子产品回收参与意愿有显著影响,且时间距离越小,意愿越强烈。

为了研究假设 H1 是否成立,首先对调研数据进行题项 6(收集近时间距离下人们的废旧电子产品回收意识强弱情况)与题项 9(收集远时间距离下人们的废旧电子产品回收意识强弱情况)的相关性检验,如表 6‑7 所示。

表 6‑7 H1 检验表

			题项6	题项9
Spearman 的 rho	题项6	相关系数	1.000	−1.000**
		显著性(双尾)	.	.000
		N	307	307
	题项9	相关系数	−1.000**	1.000
		显著性(双尾)	.000	.
		N	307	307

**.相关性在 0.01 级别上显著(双尾)

由于数据交叉的相关系数为－1.000,其绝对值大于 0.7,且双尾显著性为 0.000,小于 0.05,因此二者显著负相关,从而可以看出 H1 成立,即时间距离对居民废旧电子产品回收参与意愿有显著影响,且时间距离越小,意愿越强烈。

(2)H2:空间距离对居民废旧电子产品回收参与意愿有显著影响,且空间距离越小,意愿越强烈。

为了研究假设 H2 是否成立,首先对调研数据进行题项 12(收集近空间距离下人们的废旧电子产品回收意识强弱情况)与题项 15(收集远空间距离下人们的废旧电子产品回收意识强弱情况)的相关性检验如表 6-8 所示。

表 6-8　H2 检验表

			题项12	题项15
Spearman 的 rho	题项12	相关系数	1.000	－1.000**
		显著性(双尾)	.	.000
		N	307	307
	题项15	相关系数	－1.000**	1.000
		显著性(双尾)	.000	.
		N	307	307

**.相关性在 0.01 级别上显著(双尾)

由于数据交叉的相关系数为－1.000,其绝对值大于 0.7,且双尾显著性为 0.000,小于 0.05,因此二者显著负相关,可以得出 H2 成立,即空间距离对居民废旧电子产品回收参与意愿有显著影响,且空间距离越小,意愿越强烈。

(3)H3:概率距离对居民废旧电子产品回收参与意愿有显著影响,且概率距离越小,意愿越强烈。

为了研究假设 H3 是否成立,对题项 18(收集近概率距离下人们的废旧电子产品回收意识强弱情况)与题项 21(收集远概率距离下人们的废旧电子产品回收意识强弱情况)的相关性检验如表 6-9 所示。

表 6 - 9　H3 检验表

			题项18	题项21
Spearman 的 rho	题项18	相关系数	1.000	−.720**
		显著性（双尾）	.	.000
		N	307	307
	题项21	相关系数	−.720**	1.000
		显著性（双尾）	.000	.
		N	307	307

**.相关性在 0.01 级别上显著（双尾）

于是，由于数据交叉的相关系数为−0.720，其绝对值大于 0.7，且双尾显著性为 0.000，小于 0.05，因此二者显著负相关，可以看出 H3 成立，即概率距离对居民废旧电子产品回收参与意愿有显著影响，且概率距离越小，意愿越强烈。

（4）H4：社会距离对居民废旧电子产品回收参与意愿有显著影响，且社会距离越小，意愿越强烈。

为了研究假设 H4 是否成立，对题项 24（收集近社会距离下人们的废旧电子产品回收意识强弱情况）与题项 27（收集远社会距离下人们的废旧电子产品回收意识强弱情况）的相关性检验如表 6 - 10 所示。

表 6 - 10　H4 检验表

			题项24	题项27
Spearman 的 rho	题项24	相关系数	1.000	−.939**
		显著性（双尾）	.	.000
		N	307	307
	题项27	相关系数	−.939**	1.000
		显著性（双尾）	.000	.
		N	307	307

**.相关性在 0.01 级别上显著（双尾）

由于数据交叉的相关系数为−0.939，其绝对值大于 0.7，且双尾显著性为

0.000,小于 0.05,因此二者显著负相关,可以看出 H4 成立,即社会距离对居民废旧电子产品回收参与意愿有显著影响,且社会距离越小,意愿越强烈。

6.3.4　正式调查:心理距离与居民认为的环境事件后果严重性相关性检验

(1)H5:时间距离对居民认为的环境事件后果严重性有显著影响,且时间距离越小,居民认为后果严重性越大。

为了研究假设 H5 是否成立,进行题项 7(收集近时间距离下人们所认为的环境事件后果严重性程度)与题项 10(收集远时间距离下人们所认为的环境事件后果严重性程度)的相关性检验如表 6-11 所示。

表 6-11　H5 检验表

			题项7	题项10
Spearman 的 rho	题项7	相关系数	1.000	−.728**
		显著性(双尾)	.	.000
		N	307	307
	题项10	相关系数	−.728**	1.000
		显著性(双尾)	.000	.
		N	307	307

**.相关性在 0.01 级别上显著(双尾)

由于数据交叉的相关系数为−0.728,其绝对值大于 0.7,且双尾显著性为 0.000,小于 0.05,因此二者显著负相关,可以看出 H5 成立,时间距离对居民认为的环境事件后果严重性有显著影响,且时间距离越小,居民认为后果严重性越大。

(2)H6:空间距离对居民认为的环境事件后果严重性有显著影响,且空间距离越小,居民认为后果严重性越大。

为了研究假设 H6 是否成立,进行题项 7(收集近空间距离下人们所认为的环境事件后果严重性程度)与题项 10(收集远空间距离下人们所认为的环境事件后果严重性程度)的相关性检验如表 6-12 所示。

表 6‒12 **H6 检验表**

			题项13	题项16
Spearman 的 rho	题项13	相关系数	1.000	−.889**
		显著性（双尾）	.	.000
		N	307	307
	题项16	相关系数	−.889**	1.000
		显著性（双尾）	.000	.
		N	307	307

**.相关性在 0.01 级别上显著（双尾）

由于数据交叉的相关系数为−0.889，其绝对值大于 0.7，且双尾显著性为 0.000，小于 0.05，因此二者显著负相关，可以看出 H6 成立，空间距离对居民认为的环境事件后果严重性有显著影响，且空间距离越小，居民认为后果严重性越大。

（3）H7：概率距离对居民认为的环境事件后果严重性有显著影响，且概率距离越小，居民认为后果严重性越大。

为了研究假设 H7 是否成立，进行题项 19（收集近概率距离下人们所认为的环境事件后果严重性程度）与题项 22（收集远概率距离下人们所认为的环境事件后果严重性程度）的相关性检验如表 6‒13 所示。

表 6‒13 **H7 检验表**

			题项19	题项22
Spearman 的 rho	题项19	相关系数	1.000	−.549**
		显著性（双尾）	.	.000
		N	307	307
	题项22	相关系数	−.549**	1.000
		显著性（双尾）	.000	.
		N	307	307

**.相关性在 0.01 级别上显著（双尾）

由于数据交叉的相关系数为 -0.549，虽然其绝对值不大，但仍然超过了 0.5，且双尾显著性为 0.000，小于 0.05，因此从相关系数和显著性上可得二者显著负相关，H7 成立，概率距离对居民认为的环境事件后果严重性有显著影响，且概率距离越小，居民认为后果严重性越大。

（4）H8：社会距离对居民认为的环境事件后果严重性有显著影响，且社会距离越小，居民认为后果严重性越大。

为了研究假设 H8 是否成立，进行题项 25（收集近社会距离下人们所认为的环境事件后果严重性程度）与题项 28（收集远社会距离下人们所认为的环境事件后果严重性程度）的相关性检验如表 6-14 所示。

表 6-14　H8 检验表

			题项25	题项28
Spearman 的 rho	题项25	相关系数	1.000	-1.000^{**}
		显著性（双尾）	.	.000
		N	307	307
	题项28	相关系数	$-.1.000^{**}$	1.000
		显著性（双尾）	.000	.
		N	307	307

**.相关性在 0.01 级别上显著（双尾）

由于数据交叉的相关系数为 -1.000，其绝对值大于 0.7，且双尾显著性为 0.000，小于 0.05，可以得出 H8 成立，社会距离对居民认为的环境事件后果严重性有显著影响，且社会距离越小，居民认为后果严重性越大。

6.3.5　后果严重性对居民废旧电子产品回收意愿的影响检验

针对 H9：后果严重性对居民废旧电子产品回收参与意愿有显著影响，且严重性大，意愿越强烈。在检验本假设的正误时，需要将与之相关的题目 8、11、14、17、20、23、26、29 进行变量计算，合并为一个变量，从而进行其数据的描述统计分析，如表 6-15 所示。

表 6-15　H9 描述性统计表

		统计资料	标准错误	重复取样 a			
				偏差	标准错误	95% 置信区间	
						下限	上限
后果严重性认知到意识改变,且认为越严重,回收参与意愿越强烈(同意5——不同意1)	N	307		0	0	307	307
	最小值	3.13					
	最大值	5.00					
	平均数	4.2455		−.0002	.0305	4.1828	4.3017
	标准偏差	.52406		−.00086	.01489	.49179	.55196
有效的 N (listwise)	N	307		0	0	307	307
a.除非另行说明,否则重复取样结果会以 1000 重复取样样本为基础							

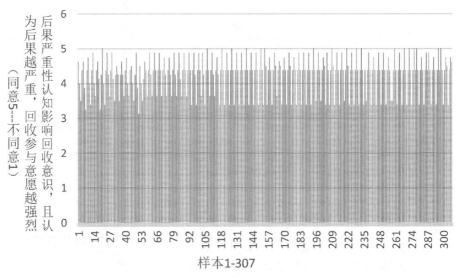

样本1-307

图 6-3　合并变量数据分布图

由图 6-3 和表 6-15 的分析可知,将反映后果严重性认知对废旧电子产品回收意识影响的题目进行合并后,其量表分数分布均在 3~5 之间,即偏向于同意这一说法,于是可以通过数据得知,后果严重性认知对废旧电子产品回收意识是有显著正向影响的,假设 9 成立。

6.3.6　居民废旧电子产品回收意愿对其行为的影响研究

针对 H10：居民废旧电子产品回收意愿越强烈，其回收参与行为越明显。与本假设相关的主要有两部分的题目，一是反映人们废旧电子产品回收意识的题目，即 Q30、31、32、Q33；二是反映人们废旧电子产品回收参与行为的题目，即 Q34、Q35、Q36、Q37。

每一部分的题目需要进行合并，最后通过两部分合并后变量的相关性分析进行两者关系的研究。

表 6‑16　H10 检验表

			废旧电子产品回收意识	废旧电子产品回收参与行为
Spearman 的 rho	废旧电子产品回收意识	相关系数	1.000	.172**
		显著性（双尾）	.	.003
		N	307	307
	废旧电子产品回收参与行为	相关系数	.172**	1.000
		显著性（双尾）	.003	.
		N	307	307

**. 相关性在 0.01 级别上显著（双尾）

于是，由于数据交叉的双尾显著性为 0.003，小于 0.05，且据表格显示在相关系数上已被标注显著相关，因此可以得出居民废旧电子产品回收意愿越强烈，其回收参与行为越明显，H10 成立。

6.3.7　研究结果讨论

本章通过前文构建的理论模型进行问卷的拟定，以问卷收集的调查数据作为分析的基础，并利用 SPSS 22 进行数据分析并和假设建立联系，最终数据分析结果表明 10 个假设均成立，并具有较好的显著性，因此可以看出原假设模型与理论模型均成立。

由于心理距离是由时间距离、空间距离、概率距离和社会距离组成的，因此,综合来看,也即心理距离对居民废旧电子产品回收参与意愿有显著的影响,且心理距离越小,居民的废旧电子产品回收参与意愿越强烈;心理距离对居民认为的环境事件后果严重性有显著影响,且心理距离越小,居民认为后果严重性越大;后果严重性对居民废旧电子产品回收参与意愿有显著影响,且人们认为的后果严重性越大,意愿越强烈;另外,居民废旧电子产品回收意愿越强烈,其回收参与行为越明显。

6.4　基于心理距离的废旧电子产品回收策略分析

前文的研究结果将居民废旧电子产品回收行为指向了心理距离的源头,心理距离能够通过一些因素,间接地对居民废旧电子产品回收行为产生影响。因此从废旧电子产品回收的根源,也即居民出发,是最为有效的促进废旧电子产品主动回收的角度。而目前很多的废旧电子产品回收企业和政府并没有很重视这一方面关于影响居民心理距离的措施实行。于是,针对这些问题,本章将进一步基于心理距离影响机制,从回收行为各个相关方的角度提出一些对策与建议,促进废旧电子产品回收过程的有效管理。

6.4.1　政府加大监管力度,积极完善回收设施

6.4.1.1　严格企业资质把关,完善相关法律制度

目前,由于各地的发展水平差异较大,废旧电子产品回收企业水平参差不齐,相关部门难以确定合适的衡量标准,且废旧电子产品所含材料十分复杂,并含有很多有害物质,其对于处理方式与技术要求十分严格,处理难度极大。这就需要政府发挥监督的作用,对相关回收企业进行严格的把关和审批,只允许具有完备资质的回收处置企业进入此市场。与此同时,政府监管部门应该对不合格企业私自回收废旧电子产品的行为进行处罚和建立网络信息披露制度,加强关于非正规废旧电子产品回收渠道的依法打击力度,减少这些非正当途径对居民废旧电子产品回收正规行为的干扰,确保每一个回收处置企业都确实拥有合理回收与处置的能力,进一步减少居民主动回收的顾虑和进一步缩短居民的心理距离。

除此之外,在国家立法方面,目前我国在废旧电子产品回收处理行业的法律法规制定方面仍然处于萌芽状态。现有相关法律主要是以《中华人民共和国固体废物污染环境防治法》和《中华人民共和国清洁生产促进法》两部法律为基础的,但由于对废旧电子产品的关注较晚,直接的相关法律法规很少,尚不健全。因此,相关部门应该围绕这两部法律,例如通过环境税等体系的建立和完善,加大对相关企业的财税支持和进行相关的立法,响应居民的废旧电子产品回收积极性,形成废旧电子产品回收的良性循环,稳固住居民关于废旧电子产品回收行为的心理距离与认知,使得其回收意识稳定在一个较高水平上,进一步建立"绿色社区",从实际上降低废旧电子产品回收参与的障碍感知。

6.4.1.2　普及回收设施,缩短回收心理距离

由于回收设备的便利性能够对居民关于离自己很近的回收设施产生特定的认识,拉近人们对于回收行为的空间距离,降低最后一公里成本,这将在很大程度上促进人们回收的意识形成,进而激发其回收行为。而且有相关研究表明许多居民由于不清楚回收的途径进而导致其对这件事情的心理距离变大,导致回收行为减少[175],这时就需要强调国家外部因素的加入。近年来,我国越来越强调废旧电子产品的回收,虽然相关部门也在着力建设正式的废旧电子产品回收系统,许多的废旧电子产品回收设备已经在居民社区得到了实现,但在大范围内,回收设施并不算普及。

因此,接下来政府需要建立与完善废旧电子产品回收的设施,进行合理的选址,优化回收渠道,尽可能使得最后一公里回收成本降到最低,降低居民对于回收的心理空间距离并通过回收的激励政策[176]来促进回收行为的产生,如对在回收方面做得很好的个人或企业进行奖励,以此形成良好的集体回收氛围。

6.4.2　企业积极响应政策,提高行业回收公信度

在企业层面,大型企业可以通过回收系统的优化节省成本,返回更多的利润给参与回收的居民,从而使得居民能够了解到回收废弃电子产品在短时间内可以获取回报,缩短其对于回收这件事情的心理距离中的时间距离,从而促进其回收行为。

6.4.2.1　树立绿色行业品牌,减小居民回收顾虑

首先,对于电子产品制造企业,其获胜的法宝在于质量和价格的博弈。而

在同等发展水平下,质量的缺陷往往是能够达到当前最优水平的,其取胜的关键点之一在于价格,而售价的竞争优势源于其制作成本。因此,回收电子产品的企业可以通过对规模回收行为的激励定价和回收之后所带来的原材料成本的降低进行综合的权衡与博弈,从而产生对自己来说更有竞争性的回收策略,也能够更好地对居民形成一定的价格回扣和补贴。并且在这一过程中,售卖者与购买者能够通过高频率的沟通,形成一定的心理认同关系,形成绿色生产企业的标签,进一步提升企业和品牌的社会认可度。

由于国内的消费者在面对价格相差不大、品质不相上下的两种产品时,其消费偏好就会决定其购买的行为,而毋庸置疑,绿色环保是一种在国民范围内接受度逐渐加深的观念。因此,在企业产品的设计环节中,企业可以考虑相关的回收策略,对其市场定位和推广重点进行调整,推广绿色的品牌理念,缩短居民心理上的社会距离。这样就实现了通过企业的回收策略中定位的调整对居民关于回收的心理距离产生影响,促进回收行为产生。

6.4.2.2　回收与折扣融合宣传,缩短回收社会距离

对于企业,应该抓住更容易与回收机制相联系的大学生群体,这类群体在不久的将来会有一定的消费能力,且其对于市场的了解,大多数依靠网络和门店获取品牌信息,另外,这一部分人群,相比普通的购买群体拥有更强的社会责任感、环保意识和宣传意识,其对于回收行为的心理距离总体上来看是比较近的。因此,对于生产销售企业来说,可以利用企业的回收策略对参与回收的群体进行新产品的购买返利和补贴,吸引这部分潜在的消费群体主动向社会传递企业的绿色行为,从而通过将大范围的居民对于废旧电子产品心理上的社会距离缩短,来吸引和促进相关居民的回收行为并同时成就企业的发展,这样就形成一种良性循环,这也是心理距离为企业回收策略的制定所带来的灵感与展望。

6.4.3　居民配合回收意识教育,促进主体回收行为产生

6.4.3.1　积极接受回收教育,宣传正确的专业知识

由前文的研究结果可知,居民对于废旧电子产品回收的心理距离可以影响到其相关回收行为,那么居民应该积极接受政府以缩短心理距离为目的进行宣

传教育,使得居民真正意识到废旧电子产品的回收不仅仅是企业和政府的事情,还是一件和其自身利益息息相关的事情。一方面,政府和企业应该普及居民关于废旧电子产品随意处置所带来的危害,使得公众能够意识到废旧电子产品回收的重要意义,并且加强关于废旧电子产品回收正确方式的专业化教育,消除居民的认知盲区。另一方面,在持续性的教育中,可以将废旧电子产品回收的相关知识加入学校的课程与教科书中,使得居民从小就能树立起良好的废旧电子产品回收意识,引导树立正确的社会理念和社会责任感。在这一过程中,居民的积极配合才能达到更好的回收专业知识教育效果。

从后果严重性认知的方面,政府和企业可以以风险社会放大理论为基础,促使公众加深对于废旧电子产品所导致的后果的严重性认知,当居民积极配合并能够意识到废旧电子产品处理不当所带来的危害以及其与自身利益的紧密联系时,其与这件事情的心理距离就会被缩短,后果严重性认知也会加强,进而直接或间接地促进回收行为并为环保做宣传。

6.4.3.2　响应回收激励政策,主动养成持续回收习惯

首先,对于经济方面,当相关部门通过采取激励措施进行居民回收积极性的调动时,就会有相当一部分居民由于对应的资金奖励尝试开始其回收行为。之后随着回收行为的固化,相关部门可以通过回收过程中的补贴或者再购买过程中的价格抵扣等方式进行累积的回收效益反馈,从而在一个持续性的过程中,既能降低居民回收废旧电子产品的心理距离,又可以在资金上对居民的环保行为进行转移支付和更新居民对于这种回收行为的思想认知。这整个过程不仅需要有关部门宣传到位,更需要居民的积极响应与配合,才能使所有的政策落到实处。

由于居民对于回收这件事的心理距离是影响其产生回收行为的重要因素,那么在具体措施上,居民应当积极配合与响应相关政策,凸显废旧电子产品回收主体参与地位。另外从此方面得到的启示和参考其他相关研究的结论"描述性(禁制性)规范诉求产生较低(较高)的心理抗拒,进而导致较高(较低)的行为意向,即描述性的规范性诉求比强制性的规范性诉求引发的心理抗拒更低[177]"所带来的实践意义,相关方在进行激励机制实施时,也应当从居民接受的角度出发,要注重方式和开展的方法,进一步从细节处提高回收激励的效率。

第 7 章

废旧电子产品回收中激励机制的效率分析

由于废旧电子产品的回收处理是一项比较复杂的工作,所以包括中国在内的很多发展中国家,废旧电子产品回收的政策、渠道、人员等都还不够完善。因此健全、稳定的废旧电子产品回收处置系统的建立刻不容缓。值得期待的是,国内废旧电子产品回收处置的有关规定正在有序推进。2011 年 1 月 1 日,我国《废弃电器电子产品回收处理管理条例》正式执行。《废弃废旧电子产品处理产业基金管理办法》于 2012 年 5 月底正式发布,该《办法》从两方面对废旧电子产品回收行业产生主要影响:一是通过加大对正规拆解企业的补贴力度,使得行业的成长更加有助于合法、合规的大型企业;二是提升行业的盈利能力。

废旧电器电子设备的再制造不仅可以降低生产成本和资源消耗,还可以减轻电子废物的有害环境影响。由于该行业具有显著的经济和社会效益,各国政府都采取了经济激励措施,以促进和鼓励电子废物再制造的发展。

补贴是一种经济激励形式,包括中国、瑞典和德国在内的许多国家都实施了政府补贴政策。2005 年,美国环境保护局提出了一项成本内部化政策,根据该政策,州政府与电子工业联盟将共同承担电子废物收集和处置的费用。2012年 7 月,中国政府设立了"废弃电子电器产品收集和管理实践基金",以资助企业回收和再制造废旧电子产品的工作。2013 年,政府扩大了对基金的使用范围,以补贴销售再制造产品的零售商。政府引入的补贴可以根据接受者分类为回收者、再制造商和零售商。本章研究的对象是回收处理者。补贴不仅影响电子废物逆向供应链中的定价和回收数量,还影响行业的经济和社会效益。

在许多发展中国家,既有非正规回收商,也有正规回收商,其中非正规回收商形式更为普遍。中国的贵屿镇大概是世界上最大的非正式回收站,大概有

10 万人非正式地参与回收活动。由于非正规回收商没有政府批准的拆解资格，仅使用简陋的加工技术。常见的危险做法是露天燃烧和酸浴。另外，无用的有害物质被直接丢弃。所有这些行为都会严重污染环境。许多政府已经颁布了回收条例和法律，禁止在废旧电子产品上进行无证回收。但是，由于缺乏详细的实际措施和标准，因此实际执法操作非常困难。

与非正规回收商相比，正规回收商在处置成本方面处于明显的劣势。正规回收商由于具有政府授予的拆解资格，并要求使用规定的技术手段，正规地处置废旧电子产品。对于正规部门而言，无害环境的处理通常会花费更多。例如，2005 年，海尔在处置措施上的支出占了回收成本的一半，如果海尔为与非正规回收商竞争而付出代价，将损失数百万美元。而对于非正规部门，缺乏对环境无害的加工，因此处置成本更便宜。非政府组织巴塞尔行动网络（BAN）对贵屿镇进行了调查，发现当地的无证加工是由人工完成的，且对工人或环境的保护很少。例如，工人将从电子芯片中提取酸直接排入河中，未经保护的低成本处理的结果是对环境的严重破坏。

由于高昂的处理成本，正规的回收商很难提供具有竞争力的收购价格。此外，非正规的回收商具有强大的操作灵活性和便利性。同时大多数废旧电子产品进入非正规部门的主要原因是居民普遍缺乏环保意识。

尽管存在成本劣势，但正规的回收部门仍具有其他专有优势。一方面，作为影响公共福利的行业，如果没有政府的支持，废旧电子产品的回收将无法进行。政府致力于为正规部门提供一些激励措施，以增加回收量。在某种程度上，这种补贴将使正规的回收商能够提供更具竞争力的收购价格，从而改变他们所处的劣势地位。另一方面，由于存在法规，尤其是在产品安全性和质量保证方面，再制造商更愿意与正规部门而不是非正规部门合作。因此，正规部门通过将可回收的有用零件出售给再制造商而具有比非正规回收者明显的优势。

因此研究废旧电子产品中的政府激励措施变得刻不容缓。而在现有文献中少有以两种回收商为对象，研究政府补贴对电子废物回收的效率分析。

综合考虑，本章将在一个废旧电子产品回收中政府激励的效率分析模型中，分析政府补贴对废旧电子产品回收数量以及回收商盈利能力的影响。因而具有以下研究意义：第一，目前对于电子废物回收的激励机制研究大多数集中于回收渠道的选择、逆向物流网络优化和再制造管理上。然而在针对政府激励措施对两个回收渠道的影响研究较少。本论文将综合利用激励理论、博弈论、经济学、管理学等领域的理论,借鉴和参考前人的研究成果,建立模型并加以分析,具有一定的理论意义。第二,本章具有重要的实践意义。从政府的角度来看,废旧电子产品回收中政府激励的效率分析模型将为政府对电子废物回收的激励举措提供建议,不仅有利于电子废物回收行业的发展,从而创造更多的经济利益,同时有益于环境保护;从回收参与主体的角度看,本章可对其企业发展方向提供解答,有助于指导管理者的管理行为。

7.1 相关理论基础及方法

7.1.1 激励机制理论

激励理论是指可以使员工对组织更加忠诚,对工作更加积极的一种特有的办法和管理系统理论。激励理论总结了可以满足人们的多种需要、提高人们的主动性的办法和准则。激励的目标是刺激人们准确的行为动机,提升人们的积极性和创造性,极大程度地激发人们的智力功能,以取得最大的效用。

激励理论的过程学派以为,激励理论是通过规定某种特定的目标来影响人们的需要,进而刺激人们的行为的方法。其可以很大程度上实现某组织的愿景,并且这是一种有必要采取的方法,可以有效地发挥最大效用。

目前国内外学者对于废旧电子产品回收中的激励机制做了较多研究。Aksen 等(2009)运用两个双层编程模型,分析了政府与回收商之间的最优补贴合约[178]。Subramoniam 等(2009)研究了废旧电子产品闭环供应链中的政府激励机制问题,并指出激励机制有助于再制造进程[179]。王文宾、丁军飞等人(2019)拓展该模型,考虑回收责任分担下闭环供应链决策问题,探究了零售商主导和逆向供应链中回收责任分担下的政府奖罚机制[180]。王玉燕、申亮(2011)以补贴和惩罚为独立参数,在委托—代理理论的基础上讨论了逆向供应链在政府管理下的最优激励方案,同时还解释了信息不对称所带来的代理成本问题[181]。余福茂、钟永光等人(2014)结合实践将废旧电子产品回收处理归纳为四种模式,构建了相应模式下考虑政府回收补贴激励的决策模型[182]。

目前,对于废旧电子产品回收中激励机制的研究大多集中在分析多种逆向供应链决策模型,而少有针对激励机制的效率进行分析。考虑到废旧电子产品回收项目独有的逆向供应链系统、收购质量的参差不齐、对象的差异性等特点,对回收商收购决策产生了多重影响,尽可能全面展开研究。

由于我国废旧电子产品回收中的激励机制处于起步阶段,国内学者大多是针对激励机制现状、优势以及其存在的问题和发展趋势等问题的剖析(王文宾,2012)[183]。还有针对消费者环保意识的增强有利于电子产品生产商参与废旧电子产品源头污染治理,且不仅需要政府通过激励、监督生产商进行环保治理,还需要发挥消费者的监督作用的分析(任鸣鸣,2015)[184]。与此同时,研究发现,想要发展激励机制,必须考虑零售商与个体废旧电子产品回收者之间的竞争关系、自利行为以及环保声誉对激励契约的影响(任鸣鸣,2016)[185]。但我国仍旧缺乏废旧电子产品回收相关法规细则,需要借鉴国外 EPR 制度的成功经验,通过经济和非经济激励机制的配合实施,促进全民积极参与废旧电子产品的回收(刘永清,2014)[186]。

研究强化理论的美国心理学家斯金纳(Skinner)认为,人的行为会依据所收到的刺激而产生反应,并且会相应地产生变化。当刺激对他有益时,他的行为就会重复。如果刺激对他不利,他的行为可能会减弱。有四种具体的加强方法:

(1)正强化:为了加强和重复激励的效益,必须保障激励的结果和组织目的相符。科学有效的积极正强化方法是保持强化的不连续性,不应该过度强调补强的时间和数量,管理者应根据组织的需求和员工的行为状态,不定期、不定量地进行强化。

(2)惩罚:当雇员实施的行为与组织的目标不符时,惩罚性方法可能会迫使该行为发生的次数减少或不再发生。

(3)负强化:是一种在行为发生前,通过计划的变更来进行规避的方法。为了对员工实施管束力,事前确定与组织目标的行为不符的条件规则及其处罚规定。监管本身并不一定是负强化,只有当它使员工对自己的行为形成约束时,即"规避"效应会变成负强化。

（4）忽视：对存在于规范不同的行为"冷治疗"，并做到"无为而治"的成果。

强化理论给管理者的忠告：重点运用放在积极强化上，来感染和转变员工行为，而不是利用纯粹的惩罚；同时负强化和忽视的效果不能放过；四种方式根据情况具体分析、相互配合、合理使用；应采取不同的加固措施以满足加固对象的不同需求；小步向前，分阶段设定目标，及时加强、及时反馈。

7.1.2　博弈论

博弈论就是研究在不同情境下的策略选择的一种理论[187]。具体来说，博弈论是在决策者意识到其行为相互依赖的情况下对战略行为的研究[188]。

7.1.2.1　完全信息静态博弈

完全信息静态博弈是指所有参与者在博弈进程中，事先制定一项具有管束力的协议，界定每个决策主体的行为规则。如果所有参与者在没有外部强制约束的情况下有意识地遵守协议，并且没有人偏离协议规则，则将形成纳什均衡[189]。只要一个参与者违反了协议的规定，该协议就无法构成纳什均衡，更不能顺利实施。因此不契合纳什均衡要求的协议是无用的。

7.1.2.2　最优反应函数

最优反应函数法是始终关键作用于持续、无尽策略博弈问题解决的数学方法，是博弈论的相关应用中运用最为广泛的方法[190]。

考虑局中人 i，给定非局中人 $-i$ 的行动，局中人 i 的各种行动为他产生不同的盈利。但是，我们对于最优行动感兴趣，即为他产生最高盈利的那些行为。

通过划线法等观察的方法，可以寻找简单型博弈的均衡状态，但是对于更为复杂的博弈，"最优反应函数"是一个更好的方法。

B_i 是集值函数（Set-valued Function）：它将一组行动与其他局中人的行动列表联系在一起。如果每一个其他局中人坚持 $a-i$，那么局中人 i 不可能找到比选择 $B_i(a_{-i})$ 中的成员更好的行动。

最优反应函数（Best Response Function）的定义：定义函数 B_i 为 $B_i(a_{-i})$ $= \{a_i \in A_i : u_i(a_i, a_{-i}) \geqslant u_i(a_i', a_{-i}), \forall a_i' \in A_i\}$，即对于局中人 i 来说，当给定其他局中人的行动 $a-i$ 时，$B_i(a_{-i})$ 中的任何行动至少如局中人 i 的每一个其他新的一样好，则称 Bi 为局中人 i 的最优反应函数。

7.1.3　循环经济

近年来,循环经济(CE)的概念被认为在解决废旧电子产品问题方面越来越重要。循环经济可以定义为一种经济模型,宗旨在于尽量最大范围地减少废旧电子产品的数量,并能长期保留其使用价值,减少主要资源以及产品、产品零件和材料在产品范围内的封闭循环,来有效利用资源、注重环境保护和社会经济效益。

循环经济旨在通过更清洁和可再生的技术、创新的商业模式以及支持它们的政策,通过优化产品和材料的循环来设计废物,使其保持最高的效用和价值。可以通过设计更好的产品和业务模型来实现这种优化,这些产品和业务模型允许产品寿命的延长;产品和组件的重用以及从电子废弃产品中有效地回收材料。首先,基于 EPR 的电子废物管理系统的愿景与循环经济的愿景相吻合[191],因此人们认为,通过使生产者负责废旧电子产品的收集和处理,他们将被激励重新组织商业模式和产品设计以降低其回收和处置电子废弃产品成本。但是,该实施仅限于简单的收集和随后的材料回收过程,而集体计划并没有实现通过激励个人行为来提高资源回收率。

自工业革命以来,我们的工业经济一直以生产和消费的即取即弃模式占主导地位[192],其中使用原材料进行生产、购买、使用并在其生命周期结束时将产品填埋。这种模式最终达到了无法回报的地步,造成了资源供应和商品需求之间的不平衡。实际上,该模型忽略了自然的再生率,无法跟上资源消耗率。这是线性模型的主要问题之一。实际上,如果当前的生产和消费水平以这种速度并以这种方式持续下去,就不可能维持发展并为子孙后代保护地球。在关于循环经济(CE)的争论中出现了对替代性增长模式的战略需求,这种经济被描述为物质环路封闭的经济。

在过去的十年中,由于循环经济行动计划所带来的挑战,促进了社会经济活动向"循环性"活动的转变,也促进了商业模式和劳动力市场的变化。实施重复利用和循环利用(3R)带来了新的商业模式和新的机遇。

7.1.4　双寡头模型

法国经济学家安托万·奥古斯丁·古诺(Antoine Augustin Cournot)在

1838年发表的《关于财富理论的数学原理的研究》中提出了双寡头模型。

该模型阐明了相互竞争而无相互协调的厂商的产量决策是如何相互影响，进而诞生出处于竞争均衡和垄断均衡之间的状态。

模型假设：①市场上仅有 A、B 两个厂商生产和售卖同等的商品，其生产成本都设为零（便于计算，并不真的为零，不影响推论结果）；②他们面对的市场需求曲线是线性的，并且 A、B 厂商都明确地掌握了市场需求曲线；③A、B 两个厂商皆是在已知对方产量的情景下，分别决定最大利润状态下的产量决策，即每一个厂商都是以消极地迎合对方的产量来决定自身的产量。

7.1.4.1　产量竞争模型

假设市场上有 A、B 两个厂商生产和出售同样的商品，它们的边际生产成本为 C_1 和 C_2，而且它们面对的市场需求曲线都是线性的，即统一市场价格，如式（7-1）所示：

$$P = P_0 - \lambda(Q_1 + Q_2) \tag{7-1}$$

其中 Q_1 和 Q_2 为 A、B 两个厂商的产量。于是 A、B 两个厂商的利润，如式（7-2）和式（7-3）所示：

$$\pi_1 = (P - C_1)Q_1 \tag{7-2}$$

$$\pi_2 = (P - C_2)Q_2 \tag{7-3}$$

将式（7-1）分别代入式（7-2）和式（7-3）可得出利润与产量的相关函数，如式（7-4）和式（7-5）所示：

$$\pi_1(Q_1, Q_2) = (P_0 - C_1)Q_1 - \lambda(Q_1^2 + Q_1 Q_2) \tag{7-4}$$

$$\pi_2(Q_1, Q_2) = (P_0 - C_1)Q_1 - \lambda(Q_2^2 + Q_1 Q_2) \tag{7-5}$$

设每个厂商 A、B 都能根据自身利润最大化原则来调整产量，于是有 $\dfrac{\delta \pi_1}{\delta Q_1} = P_0 - C_1 - \lambda(2Q_1 + Q_2) = 0$ 和 $\dfrac{\delta \pi_2}{\delta Q_2} = P_0 - C_2 - \lambda(Q_1 + 2Q_2) = 0$，解得均衡策略 $Q_1 = \dfrac{P_0 - 2C_1 + C_2}{3\lambda}$，$Q_2 = \dfrac{P_0 + C_1 - 2C_2}{3\lambda}$。生产成本高低不同的企业可以并存，但是相比较而言，生产成本更低的企业所占的市场份额会更大。而共谋策略下只会让生产成本低的企业生产，以最大化利润。如果 $C_1 = C_2 = C$，则 $Q_1 = Q_2 = \dfrac{P_0 - C}{3\lambda}$，行业总产量为完全竞争产量 $\dfrac{P_0 - C}{\lambda}$ 的 $\dfrac{2}{3}$ 倍。双寡头比完全

垄断市场会更丰富地生产产品,推进价格的降低,有利于提高消费者剩余。

一般的,如果有 m 个厂商,且每个厂商的生产成本相同,则每个厂商的产量为完全竞争产量 $\dfrac{P_0-C}{\lambda}$ 的 $\dfrac{1}{m+1}$ 倍,因此行业总产量为完全竞争产量的 $\dfrac{m}{m+1}$ 倍,随着 m 的增大会越来越接近与完全竞争市场均衡。如果每个生产厂商的成本不同,哪个高生产成本的厂商会提前退出市场、哪个低生产成本的厂商能在行业中保存下来、其各自相应所占市场份额为多少,都可以利用双寡头模型来推算。

7.1.4.2　价格竞争模型

假设两个寡头 A、B 分别用 40 元的固定成本生产可以相互替代、有差别的商品,并假定无可变成本,而边际成本为 0,则两个寡头相应的市场需求函数如式(7-6)和式(7-7)所示:

$$D_1:Q_1=24-4P_1+2P_2 \tag{7-6}$$

$$D_2:Q_2=24-4P_2+2P_1 \tag{7-7}$$

于是 A 的利润为: $\pi_1=P_1Q_1-40=24P_1-4P_1^2+2P_1P_2-40$,令其利润最大化 $\dfrac{\mathrm{d}\pi_1}{\mathrm{d}P_1}=24-8P_1+2P_2=0$,解得寡头 A 的反应函数为 $P_1=3+\dfrac{P_2}{4}$。寡头 B 的反应函数 $P_2=3+\dfrac{P_1}{4}$。因此解得均衡价格 $P_1=P_2=4$,均衡产量为 $Q_1=Q_2=16$,均衡利润为 $\pi_1=\pi_2=24$。

7.2　废旧电子产品回收中政府激励的效率分析模型

废旧电子回收品的逆向物流激励机制使逆向物流系统中相互依存、相互牵制的内含元素朝着既定目标工作,特点是建立和改进有效规则,以便该繁琐系统的每个元素都朝着系统目标而前进,包括建设废弃电子产品逆向物流系统的经济激励机制和非经济激励机制。其中经济激励机制是以市场为根基,按照价值秩序,运用价格、税收、保险等方法来刺激主体行为,以确保逆向供应链的实施;非经济激励机制主要是通过规范法律法规、建立社会意识等手段对逆向供应链系统进行干预。我国的激励机制尚处于初级阶段,还有许多需要改进的地方。而针对激励机制的效率分析,可以从社会和经济效率两个方面,帮助建立改进措施提供直接的参考。

目前根据对废旧电子产品回收中激励机制的相关文献的研究,在大部分已有的研究成果中,有许多涉及废旧电子产品回收激励机制设计的问题。其中大多数研究主要集中在制造商的回收渠道选择和优化逆向物流网络的决策上,而少有关注激励机制的效率分析。而效率分析能直接反映政府激励的效果,即其所能带来的社会效益和经济效益的大小。因此,本章的研究将以两种回收商为研究对象,建立废旧电子产品回收中政府激励的效率分析基本模型,分析政府激励的效率水平。

7.2.1 问题描述与模型假设

7.2.1.1 问题描述

对于废旧电子产品,通常有翻新、提取有用零件和拆卸三种处置方法。前者是指对高质量的回收品进行检修并将其恢复为可销售的旧货,后者是指将低质量的回收品分解成有用的原材料或燃料,如金属。正规回收商具有废弃电器电子产品处理资格,而非正规回收商无官方授权资格。两者都会根据废旧电子产品回收品的质量等级选择翻新或拆卸,但正规回收商所具有的优势是有机会与需要功能部件以再利用的再制造商合作,因此正规回收商具有非正规回收商所没有的提取有用零件的回收处置方法。同时正规回收商也可以享受政府补贴,但是由于翻新只是产品的重复利用,而不是一般的回收概念,因此翻新无法获得政府补贴。在本章中,补贴是以每个获取数量为单位的,假定一种回收产品的补贴水平为 S。

在图 7-1 中,正规回收商和非正规回收商都在原材料市场出售拆卸的原材料或燃料,而在二级市场中出售翻新产品。下文,将以下标 $i=1,2,3$ 分别表示翻新、提取有用零件和拆卸的三种处置方法。对应于回收产品的质量等级不同,正规回收商选择翻新、提取有用零件和拆卸,而非正规回收商则选择翻新或拆卸。其中在二级市场上出售的翻新产品的价格为 P_1,出售给再制造商的单个产品中提取的有用零件的价格为 P_2,拆卸后的原材料或燃料的价格假定为 P_3。此外价格应具备 $P_1 > P_2 > P_3$ 的条件。

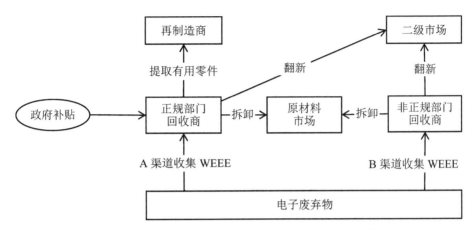

图 7 - 1　废旧电子产品流入正规和非正规回收商的渠道图

7.2.1.2　模型假设

假设两个回收商都能在收购电子废弃回收品时评估其质量等级。质量是指废旧电子产品可循环使用的状况,通常通过产品完整性、使用期限和维护状态来衡量。根据电子废弃产品质量水平的差异,回收商可以采用不同的处置方法,进而影响利润率。本章用 θ 作为回收品的质量,通常假定其在$[0,1]$上均匀地分布。

通常,对于较高质量等级的产品进行翻新,而对于较低质量等级的产品进行提取或拆卸。由于回收品质量的参差不齐,相应翻新和提取的处置成本会有很大差异。当回收品的质量等级较低时,会带来更高的维修或提取成本,因此较高的质量等级意味着较低的成本,则翻新和提取有用零件的成本与质量等级是负相关的,并且可以类似地以对等形式表示。为了简化模型,使用质量等级的倒数来表示翻新和提取成本函数,而拆卸成本不受回收品质量等级的影响。

文中所涉及的符号和含义如表 7 - 1 所示。

根据《废弃电器电子产品回收处理管理条例》第二十三条,正规回收商需要投资于环保处置技术,并提供质量保证和保修[18],因此正规回收商的处置成本要高于非正规回收商,则有 $C_{1A} > C_{1B} > C_{2A} > C_{3A} > C_{3B}$。

表 7‐1　文中所涉及的符号及含义

参数	渠道 A	渠道 B
废旧电子产品的收购价	P_A	P_B
废旧电子产品的收购数量	G_A	G_B
政府补贴	S	/
翻新费用	$\dfrac{C_{1A}}{\theta}$	$\dfrac{C_{1B}}{\theta}$
提取有用零件费用	$\dfrac{C_{2A}}{\theta}$	/
拆卸费用	C_{3A}	C_{3B}
翻新的最低质量要求	T_A	T_B
政府规定的翻新质量要求	T	/
二手产品质量	θ	
收购价为零时的收购数量	G	
收购数量对价格的敏感性	a	
收购数量对交叉价格的敏感性	b	
翻新产品出售价格	P_1	
提取有用零件出售价格	P_2	
拆卸出售价格	P_3	

　　考虑到在中国,价格是购买产品的主要因素,则式(7‐8)和式(7‐9)确定购买数量 G_A 和 G_B:

$$G_A = G + aP_A - bP_B \tag{7‐8}$$

$$G_B = G + aP_B - bP_A \tag{7‐9}$$

　　其中,P_A 和 P_B 是正规和非正规回收商的回收价格。G 是当回收价格为零时的回收数量(实际为居民环保意识)。a 是回收数量对自身价格的敏感性, b 是回收数量对交叉价格的敏感性[193]。

　　政府除了提供支持政策以外,还监督具有官方废弃电器电子产品处理资格的正规回收商的回收行为[194]。政策规定,提取有用零件必须符合政府设定的最低质量要求。这对于正规回收商而言是强制性要求,但是由于非正规回收商缺乏监督控制,并不受限制。因此本章添加参数 T 来表示重复使用废旧电子产品的质量阈值。简单来说,只有回收品的质量大于等于 T 时,才可以被提取有用零件或翻新。

7.2.2 效率分析模型的建立

7.2.2.1 正规回收商的激励效率分析模型

正规回收商对于回收品有三种处置选择。每个回收品的利润率如式(7-10)、式(7-11)以及式(7-12)所示:

(1)对于单件翻新产品,获得的利润是 $\pi_{1A} = P_1 - \dfrac{C_{1A}}{\theta} - P_A$ (7-10)

(2)对于提取有用部分,获得的利润是 $\pi_{2A} = P_2 + S - \dfrac{C_{2A}}{\theta} - P_A$ (7-11)

(3)对于拆卸回收品,获得的利润是 $\pi_{3A} = P_3 + S - C_{3A} - P_A$ (7-12)

T_A 是翻新和提取有用零件之间的质量分界点,则其取值取决于翻新和提取两者之间的利润率比较。当回收品质量等级 $\theta \geqslant T_A$ 时,将选择翻新;对于 $T \leqslant \theta < T_A$ 的回收品,正规回收商将从中提取有用零件;而 $\theta < T$ 的产品将被拆卸。显然 T_A 的最小取值是 T。

当 $\pi_{1A} = \pi_{2A}$ 时,应满足 $P_1 - P_2 - S = \dfrac{(C_{1A} - C_{2A})}{\theta}$。而 $\theta \in [0,1]$,$T_A \in [0,1]$,则 $T_A = \max\left[\dfrac{(C_{1A} - C_{2A})}{P_1 - P_2 - S}, T\right]$。

正规回收商的利润函数 π_A 应由三部分组成。第一部分是翻新获得的利润 $\int_{T_A}^{1}\left(P_1 - \dfrac{C_{1A}}{\theta} - P_A\right)G_A d\theta$;第二部分是提取有用零件的利润 $\int_{T}^{T_A}\left(P_2 + S - \dfrac{C_{2A}}{\theta} - P_A\right)G_A d\theta$;第三部分是拆卸的利润 $\int_{0}^{T}(P_3 + S - C_{3A} - P_A)G_A d\theta$。综上得到正规回收商的利润函数 π_A,如下公式(3-6)所示:

$$\pi_A = \int_{0}^{T}(P_3 + S - C_{3A} - P_A)G_A d\theta + \int_{T}^{T_A}\left(P_2 + S - \dfrac{C_{2A}}{\theta} - P_A\right)G_A d\theta +$$

$$\int_{T_A}^{1}\left(P_1 - \dfrac{C_{1A}}{\theta} - P_A\right)G_A d\theta \qquad (7-13)$$

7.2.2.2 非正规回收商的激励效率分析模型

非正规回收商对于回收品有两种处置选择。每个回收品的利润率如式(7-14)和式(7-15)所示：

(1)对于单件翻新产品,获得的利润是 $\pi_{1B} = P_1 - \dfrac{C_{1B}}{\theta} - P_B$ (7-14)

(2)对于拆卸回收品,获得的利润是 $\pi_{3B} = P_2 - C_{3B} - P_B$ (7-15)

T_B 是翻新和拆卸之间的质量分界点。当回收品质量等级 $\theta \geqslant T_B$ 时,将选择翻新;而 $\theta < T_B$ 的产品将被拆卸。

非正规回收商的利润函数 π_B 应由三部分组成。第一部分是翻新获得的利润 $\int_{T_B}^{1} \left(P_1 - \dfrac{C_{1B}}{\theta} - P_B \right) G_B d\theta$；第二部分是拆卸的利润 $\int_{0}^{T_B} (P_3 - C_{3B} - P_B) G_B d\theta$。综上得到正规回收商的利润函数 π_B,如式(7-16)所示：

$$\pi B = \int_{0}^{T_B} (P_3 - C_{3B} - P_B) G_B d\theta + \int_{T_B}^{1} \left(P_1 - \frac{C_{1B}}{\theta} - P_B \right) G_B d\theta$$

(7-16)

7.2.3 效率分析模型的求解

在市场效应下,各个回收商的目的以盈利为主,社会效益为辅,而影响利润的主要因素有:产品的价格、成本、销售量。考虑逆向供应链的独特性,回收品处置后的定价和销量受成本和市场影响,由于市场影响因素较多,难以直接界定,而回收商所能做出的决策变量为回收品的收购价格。因此为求解回收商的最优反应函数,本章将根据隐函数的求导规则,推导出 π_A 和 π_B 相对于回收品的收购价格决策变量 P_A 和 P_B 的最优反应函数。

首先推导正规回收商的最优反应函数。当存在三种不同质量等级时,需要分段导出,如式(7-17)、式(7-18)和式(7-19)所示：

$\theta \in [0, T]$, $\int_{0}^{T} (P_3 + S - C_{3A} - P_A)(G + aP_A - bP_B) d\theta$ 关于 P_A 求一阶条件为

$$2aP_A - bP_B = a(P_3 - C_{3A} + S) - G$$

(7-17)

$\theta \in [T, T_A]$, $\int_{T}^{T_A} \left(P_2 + S - \dfrac{C_{2A}}{\theta} - P_A \right)(G + aP_A - bP_B) d\theta$ 关于 P_A 求

一阶条件为

$$2aP_A - bP_B = a\left(P_2 - \frac{C_{2A}}{\theta} + S\right) - G \tag{7-18}$$

$\theta \in [T_A, 1]$，$\int_{T_A}^{1}\left(P_1 - \frac{C_{1A}}{\theta} - P_A\right)(G + aP_A - bP_B)d\theta$ 关于 P_A 求一阶条件为

$$2aP_A - bP_B = a\left(P_1 - \frac{C_{1A}}{\theta}\right) - G \tag{7-19}$$

同理推导出非正规回收商的最优反应函数。当存在两种不同质量等级时，需要分段导出，如式(7-20)和式(7-21)所示：

$\theta \in [0, T_B]$，$\int_{0}^{T_B}(P_3 - C_{3B} - P_B)(G + aP_B - bP_A)d\theta$ 关于 P_B 求一阶条件为

$$2aP_B - bP_A = a(P_3 - C_{3B}) - G \tag{7-20}$$

$\theta \in [T_B, 1]$，$\int_{T_B}^{1}\left(P_1 - \frac{C_{1B}}{\theta} - P_B\right)(G + aP_B - bP_A)d\theta$ 关于 P_B 求一阶条件为

$$2aP_B - bP_A = a\left(P_1 - \frac{C_{1B}}{\theta}\right) - G \tag{7-21}$$

以上一阶条件为最优反应函数。

7.3　废旧电子产品回收中政府补贴的效率分析

7.3.1　双渠道回收中政府补贴的效率分析

由于正规回收商受资格管制，被最低质量要求所限制，而非正规回收商缺乏监督，往往 $T_B < T$，因此 $T_B < T \leqslant T_A$ 的质量等级划分情况最为常见。在这种情况下，意味着非正规回收商具有很高的翻新率。对于质量等级相对较低的回收产品，非正规回收商将大规模翻新后，尝试在二级市场上出售。

本章将从经济效益和社会效益两个方面出发，分析补贴水平对回收商的投入产出比和回收数量的影响。由于两个回收商的投入产出比分别为

$\dfrac{P_A+C_{iA}-S}{P_i}$ 和 $\dfrac{P_B+C_{iB}}{P_i}$，其中 C 和 P_i 不属于决策变量，为表达清晰先求解回收价格，考虑在 $[0,T_B]$、$[T_B,T]$、$[T,T_A]$ 和 $[T_A,1]$ 四个质量等级区域，结合两个回收商的最优反应函数求解方程。表 7-2 和表 7-3 表示了不同质量级别下的收购价格和回收数量。

表 7-2　收购价格

θ	P_A	P_B
$[0,T_B]$	$\dfrac{2a^2(P_3-C_{3A}+S)+ab(P_3-C_{3B})-(2a+b)G}{4a^2-b^2}$	$\dfrac{ab(P_3-C_{3A}+S)+2a^2(P_3-C_{3B})-(2a+b)G}{4a^2-b^2}$
$[T_B,T]$	$\dfrac{2a^2(P_3-C_{3A}+S)+ab\left(P_1-\dfrac{C_{1B}}{\theta}\right)-(2a+b)G}{4a^2-b^2}$	$\dfrac{ab(P_3-C_{3A}+S)+2a^2\left(P_1-\dfrac{C_{1B}}{\theta}\right)-(2a+b)G}{4a^2-b^2}$
$[T,T_A]$	$\dfrac{2a^2\left(P_2+S-\dfrac{C_{2A}}{\theta}\right)+ab\left(P_1-\dfrac{C_{1B}}{\theta}\right)-(2a+b)G}{4a^2-b^2}$	$\dfrac{ab\left(P_2+S-\dfrac{C_{2A}}{\theta}\right)+2a^2\left(P_1-\dfrac{C_{1B}}{\theta}\right)-(2a+b)G}{4a^2-b^2}$
$[T_A,1]$	$\dfrac{2a^2\left(P_1-\dfrac{C_{1A}}{\theta}\right)+ab\left(P_1-\dfrac{C_{1B}}{\theta}\right)-(2a+b)G}{4a^2-b^2}$	$\dfrac{ab\left(P_1-\dfrac{C_{1A}}{\theta}\right)+2a^2\left(P_1-\dfrac{C_{1B}}{\theta}\right)-(2a+b)G}{4a^2-b^2}$

表 7-3　回收数量

θ	G_A	G_B
$[0,T_B]$	$\dfrac{a(2a^2-b^2)(P_3-C_{3A}+S)-a^2b(P_3-C_{3B})+(b-a)(2a+b)G}{4a^2-b^2}$	$\dfrac{-a^2b(P_3-C_{3A}+S)+a(2a^2-b^2)(P_3-C_{3B})+(b-a)(2a+b)G}{4a^2-b^2}$
$[T_B,T]$	$\dfrac{a(2a^2-b^2)(P_3-C_{3A}+S)-a^2b\left(P_1-\dfrac{C_{1B}}{\theta}\right)+(b-a)(2a+b)G}{4a^2-b^2}$	$\dfrac{-a^2b(P_3-C_{3A}+S)+a(2a^2-b^2)\left(P_1-\dfrac{C_{1B}}{\theta}\right)+(b-a)(2a+b)G}{4a^2-b^2}$
$[T,T_A]$	$\dfrac{a(2a^2-b^2)\left(P_2+S-\dfrac{C_{2A}}{\theta}\right)-a^2b\left(P_1-\dfrac{C_{1B}}{\theta}\right)+(b-a)(2a+b)G}{4a^2-b^2}$	$\dfrac{a(2a^2-b^2)\left(P_1-\dfrac{C_{1B}}{\theta}\right)-a^2b\left(P_2+S-\dfrac{C_{2A}}{\theta}\right)+(b-a)(2a+b)G}{4a^2-b^2}$

（续表）

θ	G_A	G_B
$[T_A,1]$	$\dfrac{\begin{array}{c}a(2a^2-b^2)\left(P_1-\dfrac{C_{1A}}{\theta}\right)-a^2b\left(P_1-\dfrac{C_{1B}}{\theta}\right)\\+(b-a)(2a+b)G\end{array}}{4a^2-b^2}$	$\dfrac{\begin{array}{c}a(2a^2-b^2)\left(P_1-\dfrac{C_{1B}}{\theta}\right)-a^2b\left(P_1-\dfrac{C_{1A}}{\theta}\right)\\+(b-a)(2a+b)G\end{array}}{4a^2-b^2}$

依据所求结果,有以下发现:

(1)对于 $\theta\in[0,T_B]$,$\dfrac{\delta P_A}{\delta\theta}=\dfrac{\delta P_B}{\delta\theta}=0$;对于 $\theta\in[T_B,T]$,$0<\dfrac{\delta P_A}{\delta\theta}<\dfrac{\delta P_B}{\delta\theta}$;对于 $\theta\in[T,T_A]$,$0<\dfrac{\delta P_A}{\delta\theta}<\dfrac{\delta P_B}{\delta\theta}$;对于 $\theta\in[T_A,1]$,$\dfrac{\delta P_A}{\delta\theta}>\dfrac{\delta P_B}{\delta\theta}>0$。在拆卸质量级别 $\theta\in[0,T_B]$ 上,回收价格不受质量影响。然而在其他质量级别上,无论哪种回收商的回收价格都会随着回收品的质量等级增高而增高。开始是非正规回收商中的回收价格的增长速度更快,到了质量级别 $\theta\in[T_A,1]$ 时,正规回收商的回收价格增长速度超过非正规回收商。

(2)随着补贴水平的增加,两个回收商的回收价格都会上升,同时正规回收商的回收数量增加,而非正规回收商的回收数量开始下降,但是总的回收数量有所增加。

(3)除了 $[0,T_B]$ 质量级别以外,总回收数量随着质量等级的提高而增加。除此以外,对于两个回收商而言,回收数量都会受到成本因素的影响,如下:当 $\theta\in[T_B,T]$,$\dfrac{\delta G_A}{\delta\theta}<0$,$\dfrac{\delta G_B}{\delta\theta}>0$;当 $\theta\in[T,T_A]$,如果 $\dfrac{C_{2A}}{C_{1B}}>\dfrac{ab}{2a^2-b^2}$,则 $\dfrac{\delta G_A}{\delta\theta}>0$,否则 $\dfrac{\delta G_A}{\delta\theta}<0$,而 $\dfrac{\delta G_B}{\delta\theta}>0$;当 $\theta\in[T_A,1]$,$\dfrac{\delta G_A}{\delta\theta}>0$,而如果 $\dfrac{C_{1B}}{C_{1A}}>\dfrac{ab}{2a^2-b^2}$,则 $\dfrac{\delta G_B}{\delta\theta}>0$,否则 $\dfrac{\delta G_B}{\delta\theta}<0$。

(4)回收价格直接受补贴水平的影响。在较低的质量等级下,补贴水平越高,正规回收商的回收价格增长率越高于非正规回收商。然而,在较高质量水平下,非正规回收商的回收价格总是大于正规回收商的回收价格。当 $\theta>T_B$ 时,$\dfrac{\delta(P_A-P_B)}{\delta\theta}=\dfrac{aC_{1B}}{(2a+b)\theta^2}<0$。因此随着质量等级的提高,即使补贴水平很

高,非正规回收商的回收价格也会高于正规回收商。

根据以上分析,可以注意到两个回收商都倾向于高质量等级的产品。在 $\theta \in [T_A, 1]$ 质量级别时,正规回收商比非正规回收商对于高质量等级更敏感。但是由于成本优势,非正规回收商总是具有更吸引人的回收价格。

政府补贴可以在一定程度上促进正规回收商的发展,遏制非正规回收商的竞争力。然而,随着回收品质量等级的提高,补贴对于正规回收商竞争力的边际效应在递减。当补贴水平不够高时,正规回收商很难赢得更多的市场份额。

在不同的质量等级下,随着补贴的增加,回收数量的变化并不一致,追其原因是受到成本等因素的影响。在高质量等级 $\theta \in [T_A, 1]$ 时,正规回收商会增加回收数量,而非正规回收商开始权衡相对价值。当两个回收商都进行翻新工作时,质量等级越高,正规回收商回收和翻新的数量就越多,但是非正规回收商会翻新更多的低质量产品。

这在实际中很常见,蓬勃发展的二级市场为非正规回收商提供了很好的销售平台。由于翻新产生的高利润和政府监管的缺乏,即使是回收品的质量等级较低,非正规回收商也会倾向于选择翻新。因此,政府有必要提供补贴来抑制非正规回收商的发展。

当补贴过高时,非正规回收商便会退出市场,只留下正规回收商。类似于双渠道模型,回收数量是关于回收价格的线性函数 $G_A = G + aP_A$。正规回收商的利润函数为:

$$\pi A = \int_0^T (P_3 - C_{3A} + S - P_A)(G + aP_A)d\theta$$
$$+ \int_T^{T_A} \left(P_2 - \frac{C_{2A}}{\theta} + S - P_A\right)(G + aP_A)d\theta \qquad (7-22)$$
$$+ \int_{T_A}^1 \left(P_1 - \frac{C_{1A}}{\theta} - P_A\right)(G + aP_A)d\theta$$

在拆卸质量等级上,$P_A = \dfrac{P_3 - C_{3A} + S}{2} - \dfrac{G}{2a}$;在提取有用零件质量等级上,$P_A = \dfrac{P_2 - \dfrac{C_{2A}}{\theta} + S}{2} - \dfrac{G}{2a}$;在翻新的质量等级上,$P_A = \dfrac{P_1 - \dfrac{C_{1A}}{\theta} + S}{2} - \dfrac{G}{2a}$。

当市场中仅存在正规回收商时,$\dfrac{\delta P_A}{\delta S} = \dfrac{1}{2}$;而在双渠道中,$\dfrac{\delta P_A}{\delta S} = \dfrac{2a^2}{4a^2 - b^2} >$

$\dfrac{1}{2}$。这表明在仅存在正规回收商时,其将补贴的一半通过价格传递给了消费者,而在双渠道情况下传递了一半以上。因此当补贴达到市场中只存在正规回收商的水平时,消费者剩余会减少。综上可以看出,非正规回收商的存在并不总是一件坏事,而且如果缺乏非正规回收商的竞争,补贴便不能发挥更高效的社会效益。

7.3.2　废旧电子产品回收中政府补贴的效率数值分析

7.3.2.1　社会效益的数值分析

使用数值模拟会更形象地显示补贴的效应。在图 7-2 到图 7-5 中,给出了仿真结果。其中 $T_B=0.4$,$T=0.5$,$T_A=0.6$,$a=1.5$,$b=1$,$P_1=11$,$P_2=6$,$P_3=2$,$C_{1A}=6$,$C_{1B}=4$,$C_{2A}=3.2$,$C_{3A}=2.5$,$C_{3B}=0.5$。

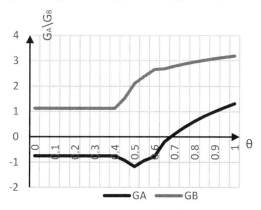

图 7-2　$S=0$ 时的回收数量

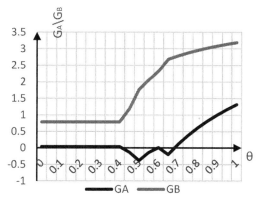

图 7-3　$S=1.2$ 时的回收数量

　　在图 7-2 中,补贴水平为零。从整体来看:非正规回收商在各个质量等级上的回收数量都大于正规回收商,且正规回收商在没有政府补贴的情况下,由于较高的回收处理成本影响,回收能力很低。从局部分析:正规回收商在质量等级 $\theta \in [0,0.6]$ 的区间内,回收数量皆为负数,说明正规回收商认为其不值得回收,而放弃回收处理低质量的废旧电子产品。而在质量等级 $\theta \in [0.6,1]$ 区间内,回收数量随着质量等级在上升。这说明正规回收商上在没有政府补贴时,部分收益不能弥补处置成本,因此对低质量等级的回收品回收能力很弱。相反非正规回收商由于回收处理成本优势的影响,在任何质量等级区间的回收数量都是大于零的,且在 $\theta \in [0.4,1]$ 的质量等级区间内,随着质量等级的上升,回收数量随之上升。

　　在图 7-3 中,补贴水平为 1.2。从整体来看:非正规回收商在各个质量等级上的回收数量仍然大于正规回收商,但与补贴水平为零的图 7-2 相比,可以明显看出,正规回收商的回收数量变化曲线明显有提升,而非正规回收商的回收数量变化曲线有所下降。从局部分析:受政府补贴的影响,正规回收商在质量等级 $\theta \in [0,0.6]$ 的区间内,回收数量变化曲线开始有所上升,代表政府补贴对正规回收商的正向效应。同时在质量等级 $\theta \in [0,0.4]$ 的区间内,正规回收商的回收数量变化曲线与 X 轴几乎重合,说明在补贴水平 $S=1.2$ 时,正规回收商的收益加上补贴可以弥补回收处置成本。而在质量等级 $\theta \in [0.6,1]$ 区间内,正规回收商的回收数量变化曲线和补贴为零时相比没有发生改变,其原因是翻新废旧电子产品无补贴。与此同时,非正规回收商受到补贴效应的冲击,其市场竞争力开始有所下降,在质量等级 $\theta \in [0,0.6]$ 区间,相比补贴为零时,回收数量有所减少,代表政府补贴对非正规回收商的负向效应。

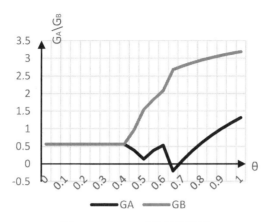

图 7 - 4 S＝2 时的回收数量

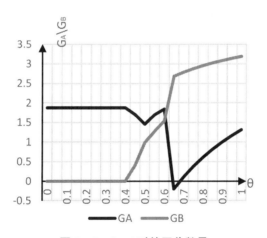

图 7 - 5 S＝4 时的回收数量

在图 7 - 4 中,补贴水平为 2。从整体来看:在质量等级 $\theta \in [0, 0.4]$ 区间, 正规回收商和非正规回收商的回收数量变化曲线开始重合,代表受政府补贴的影响,两个回收商在此质量等级区间的市场竞争力相同。但在其他质量等级区间,非正规回收商的回收数量依旧大于正规回收商。从局部分析:受政府补贴的影响,在质量等级 $\theta \in [0, 0.6]$ 区间内,正规回收商的回收数量变化曲线有所上升,而非正规回收商的回收数量变化曲线有所下降。

在图 7 - 5 中,补贴水平为 4。从整体来看:由于针对拆卸和提取有政府补贴,而翻新无政府补贴,在 $\theta ＝ 0.6$ 处,正规回收商和非正规回收商的回收数量变化曲线出现交叉重合点。在质量等级 $\theta \in [0,0.6]$ 区间,正规回收商的回收变化曲线在非正规回收商的曲线之上。在质量等级区间,非正规回收商的回收变化曲线在正规回收商的曲线之上。从局部分析:受政府补贴的提升影响,在质量等级 $\theta \in [0,0.6]$ 区间内,正规回收商的回收数量变化曲线有所上升,且其回收数量已经超过非正规回收商;而非正规回收商的回收数量变化曲线有所下降,且其回收变化曲线与 X 轴重合,反映其受到政府补贴的影响,开始放弃回收处理低质量的废旧电子产品。

7.3.2.2 经济效益的数值分析

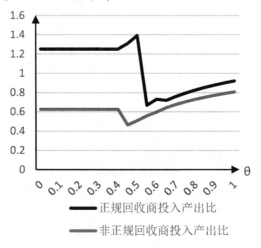

图 7 - 6　$S=0$ 时的投入产出比

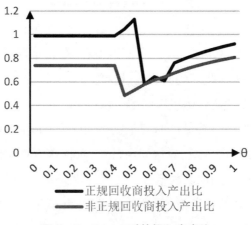

图 7 - 7　$S=1.2$ 时的投入产出比

在图7-6中,补贴水平为零。从整体来看:非正规回收商的投入产出比变化曲线在正规回收商的曲线下方,直接反映了在无政府补贴的情况下,非正规回收商的盈利能力大于正规回收商。从局部分析:正规回收商的投入产出比在质量等级 $\theta \in [0,0.6]$ 区间是大于1的,而在质量等级 $\theta \in [0.6,1]$ 区间是小于1的,则说明其在无政府补贴的情况下,回收处理低质量等级的废旧电子产品是无利润可言的。然而,非正规回收商在各个质量等级的投入产出比都是小于1的,则代表了在无政府补贴时,非正规回收商的盈利优势。

在图7-7中,补贴水平为1.2。从整体来看:正规回收商的投入产出比变化曲线仍基本都在非正规回收商的曲线上方,此时非正规回收商的盈利能力仍然大于正规回收商。从局部分析:受到补贴的增加影响,正规回收商的投入产出比变化曲线与补贴为零时相比,开始下移,且在质量等级 $\theta \in [0,0.4]$ 区间,投入产出比变化曲线与 $Y=1$ 重合,说明正规回收商此时的收支是平衡的。相反,非正规回收商由于受到补贴的负向效应,其投入产出比变化曲线与补贴为零时相比,开始上移,但整体仍然是小于1的,代表补贴的负向效应没有完全磨灭其盈利优势。

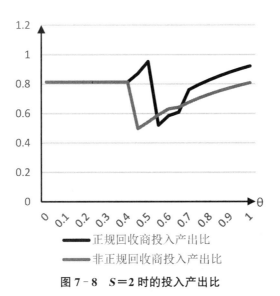

图7-8　$S=2$ 时的投入产出比

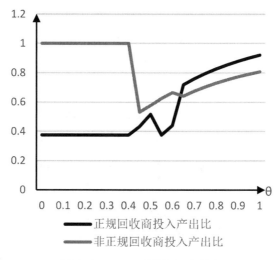

图7-9 S=4时的投入产出比

在图7-8中,补贴水平为2。从整体来看,在政府补贴增加到2时,处于质量等级 $\theta \in [0,0.4]$ 区间处,正规和非正规回收商的投入产出比变化曲线重合,说明此时两个回收商的盈利水平相同。从局部分析:当政府补贴增加到2时,正规和非正规回收商的投入产出比变化曲线都是在 $Y=1$ 下方的,则代表两个回收商此时都具有盈利能力。

在图7-9中,补贴水平为4。从整体来看,由于政府补贴加大力度,在质量等级 $\theta \in [0,0.6]$ 区间,正规回收商的投入产出比变化曲线在非正规回收商的曲线下方,说明此时正规回收商的盈利能力大于非正规回收商,且非正规回收商的投入产出比变化曲线和 $Y=1$ 重合,代表如果再加大政府补贴力度,则非正规回收商将开始放弃回收处理低质量等级的废旧电子产品;而由于在质量等级 $\theta \in [0.6,1]$ 区间时,翻新无补贴,正规回收商的投入产出比变化曲线仍在非正规回收商的曲线上方,则正规回收商的盈利能力仍小于非正规回收商。

综上所述:

当没有补贴(S=0)时,非正规回收商的回收数量总是比正规回收商高,而投入产出比低,同时正规回收商仅回收少量的高质量回收品进行翻新。此时,非正规回收商具有盈利优势,也侧向显示了正规回收商的竞争力对于补贴水平的依赖性。

当补贴 $S=1.2$ 时，正规回收商在质量等级 $\theta\in[0,T_B]$ 中，回收数量 $G_A=$ 0 且投入产出比 $\dfrac{P_A+C_{3A}-S}{P_3}=1$，此时对于正规回收商而言，回收数量有所增加，投入产出比有所下降，说明补贴对正规回收商的正向效应。尽管政府提供了一些补贴，但正规回收商仍处于竞争劣势。

当补贴 $S=2$ 时，在质量等级 $\theta\in[0,T_B]$ 中，正规回收商和非正规回收商的回收数量和投入产出比相等，即 $G_A=G_B$ 且 $\dfrac{P_A+C_{3A}-S}{P_3}=\dfrac{P_B+C_{3B}}{P_3}$。此后随着补贴的持续增加，正规回收商的盈利能力会越来越强。因此，只有当政府补贴足够高时，正规回收商的成本劣势才能得到缓解，其投入产出比才能超过非正规回收商。

当补贴 $S=4$ 时，非正规回收商在质量等级 $\theta\in[0,T_B]$ 中，回收数量 $G_B=$ 0 且投入产出比 $\dfrac{P_B+C_{3B}}{P_3}=1$，此时非正规回收商已经开始放弃拆卸回收品，只进行翻新。随着补贴的继续增加，正规回收商的盈利能力开始大于非正规回收商。

7.4　总结与建议

不同补贴对于非正规回收商的影响差异很大。补贴低时，非正规回收商进行拆卸和翻新。随着补贴的增加，非正规回收商将逐渐放弃拆卸工作，先翻新低质量的回收品，接着翻新高质量回收品，直到翻新所有质量等级的回收品。

图 7-10 中的数值分析显示了随着补贴水平的提高，两回收商中的回收数量以及总的回收数量的变化。对于正规回收商的回收数量变化曲线，$S\in[4,8]$ 区间内的斜率比 $S\in[0,4]$ 区间内的大，但是比 $S\in[8,12]$ 区间内的小。由此可见，一开始补贴的边际效应是递增的，当补贴达到一定水平时，补贴对于正规回收商的边际效应会递减。显然当补贴增加时，正规回收商的市场份额开始逐渐增加。想要抑制非正规回收商的发展，需要付出很高的补贴水平。因此，政府应该在对正规回收商的支持与非正规回收商的社会影响之间取得平衡，因为要考虑政府的财政支出情况和非正规回收商所增加的就业机会等多方

面因素。为了实现废旧电子产品回收数量的增加和改善社会福利方面发挥重要作用,在短时期内迅速、完全地扼杀非正规回收商的发展是不明智的。

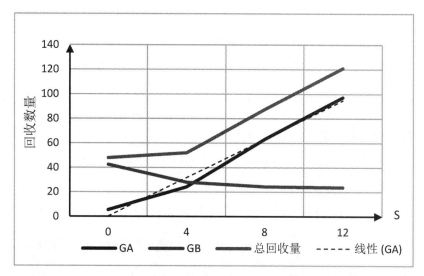

图 7 - 10　补贴增加下的总回收数

本章在参考文献的基础上,建立了废旧电子产品回收中政府激励的效率分析模型,针对废旧电子产品回收中激励机制的效率分析进行了深层的探究。回顾全章,总结出本章的主要结论如下:

(1)本章在双渠道回收环境的废旧电子产品回收市场的基础上,开发了废旧电子产品回收中政府激励的效率分析模型,以分析补贴的效率。在政府无任何激励机制的情形下,正规回收数量处于最低状态,投入产出比处于最高状态。也就是说,在无补贴时,正规回收商所带来的社会效益和经济效益都是最小的,同时非正规回收商由于成本优势而具有竞争优势。而在政府给予回收商激励机制的情形下,随着补贴力度的加大,回收数量不断增加,投入产出比不断减小。因此,政府给予的激励水平越高,所带来的经济效益和社会效益越高。

(2)在无补贴或补贴水平较低时,正规回收商由于成本劣势,回收量小于非正规回收商,投入产出比大于非正规回收商,则其所带来的经济效益和社会效益都低于非正规回收商。当补贴水平达到一定的程度时,正规回收商的成本劣势才得到缓解,并且随着补贴水平的继续增加,正规回收商的市场竞争力开始大于非正规回收商。因此,政府给予一定的激励水平,有助于回收市场的规范性发展。但是当补贴达到一定的水平时,补贴的边际效益是递减的,因此想要抑制非正规回收商的发展需要政府付出很高的补贴水平。

(3)尽管政府补贴可以支持正规回收商,但是在废旧电子产品回收品质量较高的情况下,补贴的边际效应并不那么乐观。随着回收品质量的提高,补贴对于正规回收商的边际效应递减。尤其在回收品质量普遍较高的情况下,如果政府补贴不够弥补其成本劣势时,正规回收商很难赢得更多的市场份额。因此在研究政府补贴效应时,回收品的质量因素也是一个需要关注的地方。合理的设置质量阈值,可以更好地保障政府激励发挥效应。

(4)非正规回收商的存在并不总是一件坏事。在双渠道回收市场下,政府补贴所产生的社会效益大于在仅有正规回收商的市场产生的社会效益。

虽然本章相较原有的研究基础上有一些创新之处,但还是有许多缺陷。

一是本章在废旧电子产品回收中政府激励的效率分析模型中考虑的因素并不全面,实际生活中的影响因素远不止这些,例如消费者偏好、非经济激励因素等。二是本章还可以引入对非正规回收商施加的激励机制中的惩罚机制,来进一步分析其效率。

针对我国目前的废旧电子产品回收处理状况,结合研究的发现和结论,提出以下几点建议,希望为我国废旧电子产品回收处理的监管部门和处理企业提供决策参考。首先,由于我国特殊国情影响,目前的废旧电子产品科学回收处理效果还不是很理想,尽管国家已经出台了一系列的相关政策以激励各个企业,但收获不显著。正规回收商由于成本劣势受到非正规回收商的排挤,竞争力相对较弱。为了有效低正规回收商的处置成本,政府应鼓励回收处理企业引进新技术、提高效率并加大规模,以形成规模经济。其次,合理的设置质量阈值,可以有效帮助回收商降低处置成本、提高回收数量。最后,在加强消费者环保意识的同时,也要加强正规回收商回收网点的设立,为消费者提供便利。

第 8 章
废旧电子产品回收的消费者行为影响路径分析

随着我国不断加强对污染防治工作的重视以及相关部门对绿色供应链的大力推动，我国废弃电器电子产品回收产业得到快速发展，除了传统的个体回收外，参与回收的主体涵盖生产企业、销售企业、处理企业、回收企业等，例如海尔家电的以旧换新、苏宁易购的家电回收、上海新金桥环保有限公司及深圳爱博绿环保科技有限公司等。

除了传统回收渠道，互联网的快速发展也使得"互联网＋回收"的创新回收模式得到快速应用，市场上涌出了一批"互联网＋回收"企业，例如爱回收、香蕉皮、爱博绿、有闲有品等。"互联网＋回收"的一般运作模式是消费者在线登记回收产品的类型、规格、数量等信息，网络回收平台对产品进行估价并派人上门回收，最后支付消费者相应款项，其他回收方式包括门店回收和快递回收等。"互联网＋回收"极大地减少了物理空间和时间对废旧电子产品回收的制约，减少了回收企业和消费者的信息搜集时间与成本，提高了回收率和回收产品质量，呈现出便捷性、高效性的显著特点，是对废旧电子产品传统回收渠道的重要补充。目前大部分处理商的废品来源于传统回收渠道，如四川长虹格润环保科技股份有限公司通过其母公司四川长虹电子的售后服务渠道进行回收，不少处理商也建立了自己的回收渠道，其中一些还开辟了网上回收渠道，如格林美股份有限公司等。但是处理商也面临着是否应当建立网络回收渠道，以及与采用传统回收渠道相比，采用网络回收渠道是否会提高回收利润的问题。

另一方面，处理废旧电子产品过程中产生的环境污染也是一个不容忽视的问题，例如回收 CRT 显示器中的铅的过程中容易产生重金属污染。在中国最大的废旧电子产品处理基地之一的浙江温岭，研究发现废旧电子产品是土壤中镉、铜、铅和锌的主要污染源[195]，即使是规模化拆解产业仍然会排放一定的污染物，从而一定程度上污染周边的生态环境[196]。但目前对废旧电子产品回收的相关研究均没有考虑消费者的环保意识对处理商回收策略的影响，部分文献研究了消费者对产品环境质量的偏好对供应链各成员回收决策的影响，即消费者更倾向于购买低碳产品，或者说消费者对产品制造过程中的碳排放是厌恶的，而鲜有研究消费者对处理商拆解废旧电子产品时的污染物排放的厌恶对其回收利润和策略的影响。鉴于此，本章考虑消费者环保意识，即消费者对污染物排放的厌恶，构建了一个两处理商竞争回收的双渠道逆向供应链模型，其中两处理商分别采用传统回收渠道和网络回收渠道，并用逆向归纳法求解这个两阶段双寡头模型，进而研究消费者环保意识对采用不同回收渠道的处理商的回收定价和渠道选择的影响。

　　本章具有如下的研究意义：第一，当前，越来越多的处理企业开始建立自己的回收渠道，而消费者日益增强的环保意识也使得处理企业面临减排的压力，本章通过比较不同渠道下消费者环保意识对处理商利润的影响，为处理商选择渠道形式提供了建议；第二，由于大众的环保意识水平总体呈上升趋势，自建回收渠道的处理商需要了解不同消费者环保意识水平下的回收价格和自身的最优利润水平，本章即是在消费者环保意识影响下，为处理商的回收定价策略提供了理论参考，也具有一定的现实价值。

8.1　相关基础理论与方法

8.1.1　消费者效用理论

　　效用（utility）是指每个选择给决策者带来的满足感。因此，效用理论（utility theory）假设任何决策都是基于效用最大化原则做出的，根据该原则，最佳选择是为决策者提供最高效用或满意度的选择。

　　效用理论通常用于解释个体消费者的行为。在这种情况下，消费者扮演决策者的角色，消费者必须决定消费每一种商品和服务的数量，以确保其在可支配收入和商品、服务的价格限制下获得最高水平的总效用。

效用函数 U 是衡量决策者选择特定商品或服务获得的总效用,它是决策者偏好系统的数学表示,如:$U(x) > U(y)$,表示选择 x 优于选择 y,$U(x,y,z,\cdots)$则表示消费不同商品和服务组合的总效用。效用函数既可以是基数也可以是序数,在基数情况下,效用函数用于得出每个选择所代表的效用的具体数值,且满足边际效用递减规律;在序数情况下,只根据效用函数的大小为选择进行排序而不考虑数值之间的具体差异,通常用无差异曲线表示消费者对不同消费组合的偏好关系。

Singh 和 Vives 于 1984 年提出了一个在双寡头垄断中消费差异化商品的消费者效用函数[197],假设效用函数 U 是二次的严格凹函数:

$$U(q_1,q_2) = \alpha_1 q_1 + \alpha_2 q_2 - (\beta_1 q_1^2 + 2\gamma q_1 q_2 + \beta_2 q_2^2)/2 \qquad (8-1)$$

假设 $i \neq j$,$i=1,2$,q_i 是消费者消费商品 i 的数量,α_i、$\beta_i > 0$,$\beta_1\beta_2 - \gamma^2 > 0$,且 $\alpha_i\beta_j - \alpha_j\gamma > 0$,$\gamma \gtreqless 0$ 分别表示双寡头企业生产的商品为替代品、无关联商品和互补品。当 $\alpha_1 = \alpha_2$ 且 $\beta_1 = \beta_2 = \gamma$ 时,两种商品互为完全替代品;当 $\alpha_1 = \alpha_2$,$\gamma^2/(\beta_1\beta_2)$ 表示商品之间的差异度,取值范围从商品没有关联时的 0 到商品为完全替代品时的 1。

8.1.2　废旧电子产品回收的相关概念

8.1.2.1　逆向供应链的概念

逆向供应链(Reverse Supply Chain,RSC)指的是为了获取价值或适当处置而将产品从消费者手中转移的一系列活动,其结构可以划分为产品收集、逆向物流、检查和处置、翻新或再制造、销售这五大部分。

逆向供应链的主要用途分为产品的售后管理和废弃产品的回收:

(1)产品的售后管理,包括退货、维修、召回等,制造商通常会对这些退回的产品进行检查、维修、翻新或再销售,并根据这些过程确定产品的设计缺陷以改进产品和流程设计;

(2)回收废弃产品,欧盟报废车辆(ELV)指令、废旧电子产品指令等法规都要求制造商承担废弃产品回收和危险废物处理的责任,此外包括制造商或再制造商在内的许多企业也通过参与回收废弃产品获取经济利益。

RSC 结构主体包括用户(通常是企业或消费者)、回收商、集中退货与回收中心、制造商、销售商、原材料供应商,结构如图 8-1 所示,其中制造商利用废旧产品中有价值的部分制造新产品,销售商销售可二次销售的旧产品,处理废旧产品获得的原材料进入供应商后再循环。

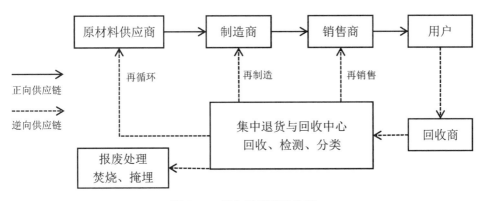

图 8-1　逆向供应链结构图

逆向供应链主要环节包括产品回收、检验分类、处置、报废处理。回收是指消费者主动交还或企业主动获取废旧产品的过程;检验与分类是为了区分产品进入逆向供应链的原因并确定回收产品的价值,以便采取相应的处置措施;处置措施通常包括二次销售、维修、翻新或者提取废弃产品的零件和原材料以重新制造新产品;报废处理针对的是没有利用价值或者有害的回收产品和零部件,处理方式一般有填埋、焚烧等。

8.1.2.2　废旧电子产品回收逆向供应链的内涵

许多制造商或再制造商通过拆解废弃电器电子产品来回收零部件和提取金属材料进行再制造,因此具有高回收价值的废旧电子产品成为逆向供应链的主要研究对象。废旧电子产品回收逆向供应链包含的主要环节包括废弃产品回收、检测和分类、拆解、再制造和报废处理,参与废旧电子产品回收的主体类别有制造商、销售商、第三方回收商、处理商和部分地方政府。

目前废旧电子产品回收逆向供应链的运营模式主要有以下三种:

1)制造商回收(Manufacturer Recycling,MR)

MR 模式中,制造商自行建立回收渠道而不依托其他企业从消费者手中回收废旧电子产品。由于制造商了解产品结构和制造流程,故可高效地进行拆解,且制造商可以直接了解消费者的反馈与需求,但由于废旧电子产品分布广泛,要建立覆盖面广的回收网络将面临成本较高甚至难以盈利的问题。目前采用这种回收方式的制造商有惠普、IBM、思科、LG 电子等。

2)零售商回收(Retailer Recycling,RR)

RR 模式中,零售商依托分布广泛的销售网络回收废旧电子产品,并将回收后的产品以一定价格提供给制造商。这种模式大大节省了另建回收渠道的成本,且能接触较广的消费群体,但制造商可能面临与零售商进行价格协调,以及如何更好地调动零售商的回收积极性的问题。目前很多电器制造商通过苏宁易购等线下门店进行废旧电器产品的回收,苹果公司也通过其零售店推行以旧换新活动。

3)第三方回收(Third-Party Recycling,TPR)

TPR 模式中,由专门的第三方回收商进行废旧电子产品的回收。该模式可以极大地提高回收效率和回收质量,实现规模化回收,但回收商也面临着与逆向供应链中的其他成员进行利益协调的问题。目前第三方回收商的范围已从传统的线下回收商扩大到线上第三方回收商,如爱博绿、爱回收等回收商,而双渠道逆向供应链即是指结合传统第三方回收商与线上第三方回收商的回收模式。

将逆向供应链与正向供应链结合起来研究,就得到了一个新的概念——闭环供应链(Closed-Loop Supply Chain,CLSC)。闭环供应链是指从消费者手中回收的废旧产品,不管中间经过什么环节,最终都将回到原始制造商的情况,即制造商生产的产品通过正向供应链进入消费者手中后再通过逆向供应链回到该制造商的过程。

8.1.3　双寡头模型

双寡头模型描述了只有两个寡头厂商进行产量或价格竞争的决策过程,本章运用了价格竞争的双寡头模型,此处以伯特兰德(Bertrand)模型为例进行介绍。该模型由伯特兰德于 1883 年提出,各博弈方同时选择行动,且互相清楚博弈规则及各自的收益函数,属于完全信息静态博弈。与古诺双寡头模型关注产品的产量竞争不同,该模型聚焦于生产差异化但高度可替代产品的两家寡头之间的价格竞争,所以需求函数是一个关于价格而非产量的函数,且每家企业的需求量不仅取决于其自身的产品价格,还取决于其竞争对手的产品价格。

假设 P_1 和 P_2 分别为两企业的产品价格,企业 1 和企业 2 的需求量是自身确定的价格和竞争对手确定的价格的函数:

$$q_1 = q_1(P_1, P_2) = a_1 - b_1 P_1 + d_1 P_2 \tag{8-2}$$

$$q_2 = q_2(P_1, P_2) = a_2 - b_2 P_2 + d_2 P_1 \tag{8-3}$$

其中 $d_1, d_2 > 0$,因为两企业的商品具有很高的替代性。

为了简化分析,假设固定成本为 0,c_1、c_2 分别为边际成本。

两企业的利润函数分别为:

$$u_1 = u_1(P_1, P_2) = (P_1 - c_1) q_1 = (P_1 - c_1)(a_1 - b_1 P_1 + d_1 P_2) \tag{8-4}$$

$$u_2 = u_2(P_1, P_2) = (P_2 - c_2) q_2 = (P_2 - c_2)(a_2 - b_2 P_2 + d_2 P_1) \tag{8-5}$$

将利润函数 u_1、u_2 分别对产品价格 P_1、P_2 求偏导,令方程右边等于零,求解得到两企业的反应函数为:

$$P_1 = \frac{1}{2b_1}(a_1 + b_1 c_1 + d_1 P_2) \tag{8-6}$$

$$P_2 = \frac{1}{2b_2}(a_2 + b_2 c_2 + d_2 P_1) \tag{8-7}$$

联立上式,解得 (P_1^*, P_2^*):

$$\begin{cases} P_1^* = \dfrac{d_1}{4b_1 b_2 - d_1 d_2}(a_2 + b_2 c_2) + \dfrac{2b_2}{4b_1 b_2 - d_1 d_2}(a_1 + b_1 c_1) \\ P_2^* = \dfrac{d_2}{4b_1 b_2 - d_1 d_2}(a_1 + b_1 c_1) + \dfrac{2b_1}{4b_1 b_2 - d_1 d_2}(a_2 + b_2 c_2) \end{cases} \tag{8-8}$$

则 P_1^* 和 P_2^* 是两企业的均衡产品价格,即任意一方都不愿单独改变自己的定价策略时的产品价格。

8.2　废旧电子产品回收的消费者行为影响模型

目前,在关于废旧电子产品回收的渠道选择问题的研究中,部分文献涉及了消费者环保意识对废旧电子产品回收的渠道选择影响,其中一部分主要考虑了闭环供应链中消费者对绿色环保产品的消费偏好间接影响了回收策略,少数考虑了消费者环保意识对废旧电子产品回收的直接影响。但是相关研究均没有考虑过消费者厌恶处理商拆解废旧电子产品时排放的污染物这一因素对处理商选择回收渠道的影响,尤其当下越来越多处理商考虑建立自己的回收渠道,而处理商拆解废旧电子产品的污染排放对环境的负面效应不能被忽视,因此处理商基于消费者环保意识或消费者对污染物排放的厌恶情绪进行回收渠道的选择就成为一个值得研究的问题。

本章在消费者效用理论的基础上,将消费者环保意识考虑进消费者参与回收的渠道选择中,针对由两个采用不同回收渠道的处理商组成的双渠道逆向供应链,构建了废旧电子产品回收的消费者行为影响模型,探究网络回收渠道和传统回收渠道竞争下的消费者环保意识对处理商回收决策的影响。

8.2.1 模型描述与基本假设

8.2.1.1 模型描述

本章考虑两家处理商$(i, -i \in \{1,2\}, i \neq -i)$组成的如图 8-2 所示的废旧电子产品回收逆向供应链模型,其中处理商 1 通过网络回收渠道以单位价格 p_1 从消费者手中回收废旧电子产品,而处理商 2 通过传统回收渠道以单位价格 p_2 从消费者手中回收废旧电子产品,两处理商拆解处理废旧电子产品的单位成本分别为 c_1 和 c_2,然后再以单位价格 p 将处理废旧电子产品得到的零部件或原材料出售给再制造商,则处理商 i 回收、处理并出售单位废旧电子产品的利润为$(p - p_i - c_i)$。

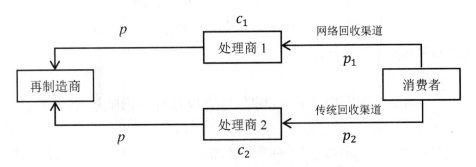

图 8-2 废旧电子产品回收逆向供应链模型

8.2.1.2　基本假设

假设 1：网络回收渠道与传统回收渠道之间具有替代性，替代性为 γ，网络回收渠道回收量和传统回收渠道回收量分别为 q_1、q_2。

假设 2：Wen Wen 等用 θ 衡量消费者的碳意识水平和表示消费者对碳排放的厌恶[198]，本章假设消费者环保意识水平为 θ，θ 越大表明消费者对处理商拆解处理废旧电子产品所造成的环境污染的厌恶越深。

假设 3：处理商 i 处理单位废旧电子产品排放的污染物质量为 s_i，$\bar{s}$ 代表废旧电子产品处理行业中的最高污染物排放水平，且 $0 \leqslant s_i \leqslant \bar{s}$。

假设 4：处理商 i 的总处理成本由拆解成本 c_0 和减排成本两部分组成，减排成本系数为 g_i，g_i 越小意味着处理商能以更低的处理成本达到相同的污染物排放水平。考虑到与传统回收渠道相比，网络回收渠道以其方便快捷的特点受到消费者的偏好[199]，本章假设在相同污染排放水平下消费者依然倾向于选择网络回收渠道参与回收，并将这一因素转化为减排成本系数上的差异，因此有 $0 < g_1 < g_2$。

假设 5：D.Brécard 认为企业的生产成本与数量无关，是一个关于产品生态质量（用减排水平衡量）的严格递增的二次凸函数[200]，本章借鉴这一观点，即处理商污染物排放水平达到 s_i 的处理成本为 $c_0 + g_i(\bar{s} - s_i)^2$。

假设 6：处理商 i 将处理后的废旧电子产品以价格 p 出售给再制造商必须保证收益为正，所以 $p - p_i - c_i > 0$，即处理商的售价必须高于废旧电子产品的回收价格和处理废旧电子产品的成本之和。

8.2.2　消费者行为影响模型构建

由于对参与回收的消费者来说两种渠道具有替代性，此处借鉴 Singh 和 Vives 提出的效用理论，即消费者效用函数为：

$$U(q_1, q_2) = \sum_{i=1}^{2}(\alpha q_i - \frac{\beta}{2}q_i^2) - \gamma q_1 q_2 \qquad (8-9)$$

其中 α，β 均大于 0 且有 $\beta > \gamma$，与原效用函数不同，这里假设 $\alpha_1 = \alpha_2 = \alpha$，$\beta_1 = \beta_2 = \beta$。

消费者的收益不仅包含参与回收的直接经济利益，还与消费者效用以及处理商的污染物排放水平有关，消费者收益函数为：

$$\pi_c = U(q_1, q_2) + \sum_{i=1}^{2} p_i q_i - \theta \sum_{i=1}^{2} s_i q_i$$

$$= \sum_{i=1}^{2} \left(\alpha q_i - \frac{\beta}{2} q_i^2 \right) - \gamma q_1 q_2 + \sum_{i=1}^{2} p_i q_i - \theta \sum_{i=1}^{2} s_i q_i \qquad (8-10)$$

Wen Wen 等认为 θ 代表的是消费者心目中的平均碳排放底价[198]，这里假设 θ 是消费者心目中对单位污染物排放的定价，或者说单位污染物带给消费者的收益损失。

消费者根据收益最大化原则确定通过不同回收渠道参与废旧电子产品回收的回收量，分别求 π_c 关于 q_i 的一阶、二阶导数：

$$\frac{\partial \pi_c}{\partial q_i} = \alpha - \beta q_i - \gamma q_{-i} + p_i - \theta s_i$$

$$\frac{\partial^2 \pi_c}{\partial q_i^2} = -\beta < 0$$

由于二次求导结果为负，可知 π_c 是关于 q_i 的凹函数，则当 $\partial_c / \partial q_i = 0$ 时 π_c 取得最大值，即

$$\begin{cases} \alpha - \beta q_1 - \gamma q_2 + p_1 - \theta s_1 = 0 \\ \alpha - \beta q_2 - \gamma q_1 + p_2 - \theta s_2 = 0 \end{cases}$$

解上述方程组，得到消费者愿意卖给处理商 i 的废旧电子产品数量为：

$$q_i = \frac{\alpha}{\beta + \gamma} + \frac{\beta}{\beta^2 - \gamma^2}(p_i - \theta s_i) - \frac{\gamma}{\beta^2 - \gamma^2}(p_{-i} - \theta s_{-i}) \qquad (8-11)$$

如果将 $\beta / (\beta^2 - \gamma^2)$ 标准化为 1，则可以得到如下形式的函数：

$$q_i = a + p_i - \theta s_i - k(p_{-i} - \theta s_{-i}) \qquad (8-12)$$

其中 $a = (1 - \gamma/\beta)\alpha$ 表示消费者自愿卖给处理商的废旧电子产品数量，$k = \gamma/\beta$ 衡量两种渠道的可替代程度，当 $k = 0$ 时两种渠道之间相互独立、毫不影响，当 $k = 1$ 时两种渠道是完全同质化的，没有差别。由于 $\beta > \gamma > 0$，所以有 $k \in (0, 1)$，即传统回收渠道和网络回收渠道互相影响又不至于彼此完全替代。

污染排放水平达到 s_i 时的处理成本为：

$$c_i(s_i) = c_0 + g_i (\bar{s} - s_i)^2 \qquad (8-13)$$

从式(8-13)看出处理商 i 的污染排放水平 s_i 越低，总处理成本越高，且边际减排成本随污染排放水平的降低而增加，因为较低的污染排放水平往往意味着处理商采取了更环保的处理工艺、引进了更先进的处理设备。由于两处理商

的基本拆解成本相同,为了简化计算,在不影响计算结果的情况下此处取 c_0
为 0。

综合上述,处理商 i 回收、处理废旧电子产品的总利润为:

$$\pi_i = (p - p_i - c_i)q_i$$

$$= [p - p_i - g_i(\bar{s} - s_i)^2][a + p_i - \theta s_i - k(p_{-i} - \theta s_{-i})]\pi_i = (p - p_i - c_i)q_i$$

$$(8 - 14)$$

8.2.3　消费者行为影响模型求解

在本章的两阶段双寡头模型中,决策顺序为处理商首先决定拆解处理废旧
电子产品的污染排放水平 s_i,再根据污染排放水平 s_i 决定废旧电子产品的回
收价格 p_i。这是因为拆解处理废旧电子产品与采用的环保工艺及处理设备密
切相关,通常是处理商优先决定的事项,并且假设处理商通过一定的广告宣传
使消费者认识到自己的污染排放水平;随后处理商考虑自己的总处理成本制定
回收价格。消费者则通过观察两家处理商的污染排放水平 s_i 和废旧电子产品
的回收价格 p_i 做出自己的回收决定。

本节采用逆向归纳法求解该两阶段双寡头模型并得出均衡结果,首先分析
第二阶段的价格竞争得出均衡回收价格,然后再决定第一阶段的污染排放水
平,并基于以上结果得出均衡回收利润。

8.2.3.1　均衡回收价格

对式(8-14)分别求 π_c 关于 p_i 的一阶、二阶导数:

$$\frac{\partial \pi_i}{\partial p_i} = p - a - 2p_i + kp_{-i} - g_i(\bar{s} - s_i)^2 + \theta s_i - k\theta s_{-i}$$

$$\frac{\partial^2 \pi_i}{\partial p_i^2} = -2$$

由于 $\partial^2 \pi_i / \partial^2 p_i < 0$,所以 π_i 是一个关于 p_i 的凹函数,在 $\partial \pi_i / \partial p_i = 0$ 时取
得极大值。π 对 p_1、p_2 分别求导并联立,可得:

$$\begin{cases} \dfrac{\partial \pi_1}{\partial p_1} = p - a - 2p_1 + kp_2 - g_1(\bar{s} - s_1)^2 + \theta s_1 - k\theta s_2 \\[3mm] \dfrac{\partial \pi_2}{\partial p_2} = p - a - 2p_2 + kp_1 - g_2(\bar{s} - s_2)^2 + \theta s_2 - k\theta s_1 \end{cases} \quad (8 - 15)$$

解上述方程组可得处理商 i 的均衡回收价格：

$$p_i^* = \frac{p-a}{2-k} - \frac{2}{4-k^2}g_i(\bar{s}-s_i)^2 + \frac{2-k^2}{4-k^2}\theta s_i - \frac{k}{4-k^2}[g_{-i}(\bar{s}-s_{-i})^2 + \theta s_{-i}]$$

$$(8-16)$$

假设 $p>a$，则 $\dfrac{p-a}{2-k}$ 是不考虑减排措施和消费者环保意识的基本回收价格，而考虑这两种因素则会给均衡价格函数带来三种影响。第一项 $-\dfrac{2}{4-k^2}g_i(\bar{s}-s_i)^2$ 表明处理商由于花费了一定成本进行减排而降低了回收价格以降低回收成本，降低的比例为减排成本的 $1/2$ 到 $2/3$（$\lim\limits_{k\to0}\dfrac{2}{4-k^2}=\dfrac{1}{2}$，$\lim\limits_{k\to1}\dfrac{2}{4-k^2}=\dfrac{2}{3}$）；第二项 $\dfrac{2-k^2}{4-k^2}\theta s_i$ 表示处理商将提高回收价格来补偿环境污染对消费者的不利影响，随着 k 增大补偿系数从 $1/2$ 下降到 $1/3$（$\lim\limits_{k\to0}\dfrac{2-k^2}{4-k^2}=\dfrac{1}{2}$，$\lim\limits_{k\to1}\dfrac{2-k^2}{4-k^2}=\dfrac{1}{3}$）；第三项 $-\dfrac{k}{4-k^2}[g_{-i}(\bar{s}-s_{-i})^2+\theta s_{-i}]$ 反映了处理商之间竞争的影响，当竞争对手的处理成本或排放水平较高时，处理商可以选择一个更低的回收价格，这种影响可以用一个系数来表征，该系数的取值范围为 0 到 $1/3$（$\lim\limits_{k\to0}\dfrac{k}{4-k^2}=0$，$\lim\limits_{k\to1}\dfrac{k}{4-k^2}=\dfrac{1}{3}$）。

8.2.3.2　均衡回收利润

基于上一节的均衡回收价格，此节将分析第一阶段的排放水平竞争，即处理商分别决定各自的污染排放水平。将均衡回收价格表达式(8-16)代入利润函数(8-14)，可得：

$$\pi_i = \left\{\frac{a}{2-k} - \frac{2-k^2}{4-k^2}[g_i(\bar{s}-s_i)^2 + \theta s_i - p] + \frac{k}{4-k^2}[g_{-i}(\bar{s}-s_{-i})^2 + \theta s_{-i} - p]\right\}^2$$

$$(8-17)$$

π_i 对 s_i 一次求导，可得：

$$\frac{\partial \pi_i}{\partial s_i} = \frac{2(2-k^2)}{(2-k)(4-k^2)}[2g_i(\bar{s}-s_i)-\theta]$$

$$\bullet \left\{ a - \frac{2-k^2}{2+k} [g_i (\bar{s}-s_i)^2 + \theta s_i - p] + \frac{k}{2+k} [g_{-i} (\bar{s}-s_{-i})^2 + \theta s_{-i} - p] \right\}$$

$$= \frac{2(2-k^2)}{(2-k)(4-k^2)} [2g_i (\bar{s}-s_i) - \theta]$$

$$\bullet \left[a - (c_i + \theta s_i - p) + \frac{k(1+k)}{2+k} (c_i + \theta s_i - p) + \frac{k}{2+k} (c_{-i} + \theta s_{-i} - p) \right]$$

$$(8-18)$$

由于 $k \in (0,1)$，所以第一个乘数为正。考虑到实际情况，即使不考虑竞争对手的影响回收量也应为正数，即有 $q_i = a + p_i - \theta s_i > 0$，此外 $p - p_i - c_i > 0$，二者相加得 $a + p > \theta s_i + c_i$，再假设 $\theta s_i + c_i > p$，即单位减排成本与消费者对污染物的心理定价之和大于处理商向再制造商销售处理过的废旧电子产品的价格，则第三项乘数也为正。因此当且仅当第二项乘数等于 0 时该一次求导函数才等于 0，即 $2g_i (\bar{s}-s_i) - \theta = 0$，解得：

$$s_i^* = \bar{s} - \frac{\theta}{2g_i} \qquad (8-19)$$

接着研究二阶导数的正负性来检验上述驻点的最优性。π_i 关于 s_i 的二阶导数为：

$$\frac{\partial^2 \pi_i}{\partial s_i^2} = -\frac{2(2-k^2)^2}{(4-k^2)^2} \cdot \theta [2g_i (\bar{s}-s_i) - \theta] - \frac{4g_i (2-k^2)}{(2-k)(4-k^2)}$$

$$\bullet \left[a - (c_i + \theta s_i - p) + \frac{k(1+k)}{2+k} (c_i + \theta s_i - p) + \frac{k}{2+k} (c_{-i} + \theta s_{-i} - p) \right]$$

$$(8-20)$$

将式(8-19)代入上式，得出第一项等于 0；由前文的说明与假设可知，中括号内的表达式为正；考虑到 $k \in (0,1)$，则二阶导数为负，所以 π_i 是一个关于 s_i 的凹函数，即当 s_i 取 s_i^* 时 π_i 取得最大值。

式(8-19)表明，均衡排放水平仅取决于消费者环保意识水平 θ 和减排成本系数 g_i，而与市场竞争无关，所以它独立于处理商的定价决策。该公式的一个直接含义是，随着消费者环保意识水平提高，处理商应加大污染减排力度，同时处理商的减排努力程度受到减排成本系数的限制。

由式(8-19)、式(8-17)和式(8-16)可得整个博弈中的均衡回收利润表达式：

$$\pi_i^* = \frac{1}{(2-k)^2}\left[a+(1-k)p-\bar{s}(1-k)\theta+\frac{1}{4(k+2)}\left(\frac{2-k^2}{g_i}-\frac{k}{g_{-i}}\right)\theta^2\right]^2$$

$$(8-21)$$

8.3　消费者行为对均衡回收价格的影响路径分析

在上面得出的均衡回收价格和均衡排放水平的基础上,本部分将研究消费者环保意识对处理商定价决策的影响。

8.3.1　均衡回收价格的影响路径分析

本节将分析不同回收路径下消费者环保意识对均衡回收价格的影响。将第一阶段的均衡排放水平公式(8-19)代入均衡回收价格公式(8-17)中,可得整个博弈中处理商 i 的均衡回收价格表达式:

$$p_i^* = \frac{p-a}{2-k}+\frac{1}{4-k^2}\left[\frac{1}{2}\left(\frac{k}{2g_{-i}}-\frac{3-k^2}{g_i}\right)\theta^2+(1-k)(k+2)\bar{s}\theta\right] \quad (8-22)$$

分别求 p_i^* 关于 θ 的一阶、二阶导数:

$$\begin{cases}\dfrac{\partial p_i^*}{\partial \theta}=\dfrac{1}{4-k^2}\left[\left(\dfrac{k}{2g_{-i}}-\dfrac{3-k^2}{g_i}\right)\theta+(1-k)(k+2)\bar{s}\right]\\[3mm]\dfrac{\partial^2 p_i^*}{\partial \theta^2}=\dfrac{1}{4-k^2}\left(\dfrac{k}{2g_{-i}}-\dfrac{3-k^2}{g_i}\right)=\dfrac{kg_i-(6-2k^2)g_{-i}}{2(4-k^2)g_ig_{-i}}\end{cases} \quad (8-23)$$

由于 $0<k<1$ 以及 $0<g_1<g_2$,且 $\dfrac{k}{6-2k^2}\in\left(0,\dfrac{1}{4}\right)$,则对处理商1来说,因为 $\dfrac{kg_1}{(6-2k^2)g_2}<\dfrac{k}{(6-2k^2)}<\dfrac{1}{4}$,故处理商1的均衡回收价格 p_1^* 对 θ 的二阶导数为负,即 p_1^* 是关于 θ 的凹函数;对处理商2来说,有 $\dfrac{kg_2}{(6-2k^2)g_1}>\dfrac{k}{6-2k^2}>0$,如果 g_1 和 g_2 的差别不是很大,即 $g_1>\dfrac{1}{4}g_2$ 或 $0<g_1<g_2<4g_1$ 时,有 $\dfrac{kg_2}{(6-2k^2)g_1}<\dfrac{4k}{(6-2k^2)}<1$,故处理商2的均衡回收价格 p_2^* 对 θ 的二阶导数也为负。当 $\dfrac{\partial p_i^*}{\partial \theta}=0$ 时,求得极值点为:

$$\theta^i = -\frac{(1-k)(k+2)\bar{s}}{\dfrac{k}{2g_{-i}} - \dfrac{3-k^2}{g_i}} = \frac{(1-k)(k+2)\bar{s}}{\dfrac{3-k^2}{g_i} - \dfrac{k}{2g_{-i}}} > 0$$

鉴于 $0 \leqslant s_i^* \leqslant \bar{s}$ 以及 $0 < g_1 < g_2$，且 $s_i^* = \bar{s} - \dfrac{\theta}{2g_i}$，则 θ 的取值范围应满足 $0 \leqslant \theta \leqslant 2g_1\bar{s}$。对 θ^i 和 $2g_1\bar{s}$ 作差，有

$$\theta^1 - 2g_1\bar{s} = \frac{(1-k)(k+2)\bar{s}}{\dfrac{3-k^2}{g_1} - \dfrac{k}{2g_2}} - 2g_1\bar{s} = -\frac{4 + (1 - \dfrac{g_1}{g_2})k - k^2}{\dfrac{3-k^2}{g_1} - \dfrac{k}{2g_2}} \cdot \bar{s} < 0$$

$$\theta^2 - 2g_1\bar{s} = \frac{(1-k)(k+2)\bar{s}}{\dfrac{3-k^2}{g_2} - \dfrac{k}{2g_1}} - 2g_1\bar{s} = \frac{(2-k^2) - (6 - 2k^2) \cdot \dfrac{g_1}{g_2}}{\dfrac{3-k^2}{g_2} - \dfrac{k}{2g_1}} \cdot \bar{s} < 0, \text{当}$$

$g_1 > \dfrac{1}{3} g_2$ 时。

再比较 θ^1 和 θ^2 的大小：

$$\theta^1 - \theta^2 = \frac{(1-k)(k+2)\bar{s}}{\dfrac{3-k^2}{g_1} - \dfrac{k}{2g_2}} - \frac{(1-k)(k+2)\bar{s}}{\dfrac{3-k^2}{g_2} - \dfrac{k}{2g_1}}$$

$$= \frac{(6 - 2k^2 + k)\left(\dfrac{1}{g_2} - \dfrac{1}{g_1}\right)(1-k)(k+2)\bar{s}}{2\left(\dfrac{3-k^2}{g_1} - \dfrac{k}{2g_2}\right)\left(\dfrac{3-k^2}{g_2} - \dfrac{k}{2g_1}\right)} < 0$$

因此当 $g_1 > \dfrac{1}{3} g_2$ 时有 $0 < \theta^1 < \theta^2 < 2g_1\bar{s}$。两处理商均衡价格的极值点均在 θ 的取值范围内，其中处理商 1 的均衡价格先达到极值点。除此之外，两价格曲线的截距均为 $\dfrac{p-a}{2-k}$，且两曲线之间有如下关系：

$$p_1^* - p_2^* = \frac{(2k^2 - k - 6)(g_1 - g_2)\theta^2}{4(k^2 - 4)g_1 g_2} = \frac{(2k+3)(g_1 - g_2)\theta^2}{4(k+2)g_1 g_2} < 0$$

$$\frac{\partial p_1^*}{\partial \theta} - \frac{\partial p_2^*}{\partial \theta} = \frac{(2k+3)(g_1 - g_2)\theta}{2(k+2)g_1 g_2} < 0$$

$$\left|\frac{\partial^2 p_1^*}{\partial \theta^2}\right| - \left|\frac{\partial^2 p_2^*}{\partial \theta^2}\right| = \frac{(2k+3)(g_2 - g_1)}{2(k+2)g_1 g_2} > 0$$

通过上述分析可得到以下推论：

推论 1：假设 $g_1 > \dfrac{1}{3} g_2$，处理商均衡回收价格 p_1^* 和 p_2^* 随着 θ 变化先增大后减小，且随着 θ 增大 p_1^* 首先达到最大值，在 θ 的取值范围内总有 p_1^* 小于 p_2^*。

$g_1 > \dfrac{1}{3} g_2$ 表明两处理商减排成本系数之间的差异不是很大，这说明消费者对网络回收渠道的便利性偏好没有特别强烈。推论 1 揭示了均衡回收价格的变化是非单调的，即当消费者环保意识水平不太高时，随着消费者环保意识水平的提高处理商将提高回收价格来吸引消费者参与回收；当消费者环保意识达到一定水平后，随着消费者环保意识水平的提高处理商会降低回收价格。这是因为当消费者对污染排放不是很排斥时，处理商会通过提高回收价格来补偿排斥污染排放的消费者，或者说，此时经济激励对消费者参与废旧电子产品回收的促进作用超过环保意识对消费者参与废旧电子产品回收的促进作用；而当消费者对污染排放非常在意时，处理商会投入更多资金用于减排活动，此时他们会降低回收价格以节省成本。此外，考虑到处理商已采取较有力的减排措施，足够关心环境质量的消费者将能接受回收价格的降低。p_1^* 小于 p_2^* 则表明采取网络回收渠道的处理商将始终具有较低的回收定价优势，即处理商 1 回收废旧电子产品的直接成本较低。

8.3.2　均衡回收价格数值分析

根据以上假设选取一组符合条件的参数值分别为：$p = 200, a = 100, k = 0.5, \bar{s} = 2, g_1 = 20, g_2 = 30$，将参数代入均衡价格公式(8-22)中，针对消费者环保意识 θ 进行敏感度分析，如图 8-3 所示，是回收价格在 $\theta \in [0, 80](2g_1\bar{s} = 80)$ 上的变化情况：

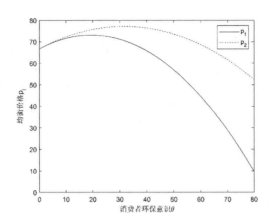

图 8–3　消费者环保意识对均衡价格的影响

如图 8–3 所示,当 $\theta \in (0,25)$ 时,处理商 1 的均衡回收价格缓慢增长,当 $\theta \in (25,80)$ 时,处理商 1 的均衡回收价格快速下降;当 $\theta \in (0,35)$ 时,处理商 2 的均衡回收价格较快增长,当 $\theta \in (35,80)$ 时,处理商 2 的均衡回收价格缓慢下降。也就是说,处理商 2 的最优回收价格在消费者环保意识较低时增长趋势更显著;而处理商 1 的最优回收价格在消费者环保意识较高时下降趋势更显著。

从图中可以看出,当消费者环保意识处于中等水平时,处理商将不得不制定最高的回收价格。同时,处理商 1 的回收价格先由增长变为下降,而处理商 2 的回收价格在处理商 1 的回收价格达到最高值后将继续保持增长。此外,在 θ 的全部取值范围内,都满足处理商 1 的回收价格低于处理商 2 的回收价格这一点,上节的结论得证。

图 8–2 还显示出当 $\theta \in (0,10)$ 时,即消费者对污染排放的在意程度很低,或者消费者心目中对污染物的定价很低时,两处理商的最优回收价格几乎没有差别;而当 $\theta > 40$ 后,两处理商的最优回收价格差距急剧上升,这表明当消费者环保意识处于中上水平时,采用网络回收渠道将使处理商具有明显的回收低价优势,或者说回收废旧电子产品的低成本优势,且这种优势将随消费者环保意识的增强越来越明显。

8.3.3　回收定价策略

根据上文消费者环保意识对最优回收价格的影响路径分析,对处理商有如下建议措施：

（1）当消费者环保意识较低时，随着消费者环保意识的增强，处理商首先应该提高回收价格以吸引消费者参与回收；当消费者环保意识变得足够强时，处理商在加大减排力度的同时，应当降低回收价格以减少企业成本。

（2）鉴于目前消费者环保意识并没有处于很高的水平，处理商可以优先考虑在投入一定减排成本的同时提高废旧电子产品的回收价格。

8.4 消费者行为对均衡回收利润的影响路径分析

8.4.1 均衡回收利润的影响路径分析

本节将分析不同回收路径下消费者环保意识对均衡回收利润的影响。

令 $D_i = a + (1-k)p - \bar{s}(1-k)\theta + \dfrac{1}{4(k+2)}\left(\dfrac{2-k^2}{g_i} - \dfrac{k}{g_{-i}}\right)\theta^2$，则均衡利润函数（3-10）可以写成 $\pi_i^* = \dfrac{1}{(2-k)^2}D_i^2$，为了便于说明，下文将首先分析 D_i 的特性再来分析 π_i^* 的特性。

D_i 分别对 θ 求一阶、二阶导数：

$$\begin{cases} \dfrac{\partial D_i}{\partial \theta} = \dfrac{1}{2(k+2)}\left(\dfrac{2-k^2}{g_i} - \dfrac{k}{g_{-i}}\right)\theta - (1-k)\bar{s} \\ \dfrac{\partial^2 D_i}{\partial \theta^2} = \dfrac{1}{2(k+2)}\left(\dfrac{2-k^2}{g_i} - \dfrac{k}{g_{-i}}\right) \end{cases} \tag{8-24}$$

当 $\dfrac{\partial D_i}{\partial \theta} = 0$ 时求得极值点 $\theta^i = \dfrac{2(2+k)(1-k)\bar{s}}{\dfrac{2-k^2}{g_i} - \dfrac{k}{g_{-i}}}$，如上文所述，$0 \leqslant \theta \leqslant 2g_1\bar{s}$。

（1）对处理商 1 来说，存在

$$\frac{\partial^2 D_1}{\partial \theta^2} = \frac{1}{2(k+2)}\left(\frac{2-k^2}{g_1} - \frac{k}{g_2}\right) > 0$$

$$\theta^1 = \frac{2(2+k)(1-k)\bar{s}}{\dfrac{2-k^2}{g_1} - \dfrac{k}{g_2}} > 0$$

$$\theta^1 - 2g_1\bar{s} = -\frac{2k\left(1 - \dfrac{g_1}{g_2}\right)\bar{s}}{\dfrac{2-k^2}{g_1} - \dfrac{k}{g_2}} < 0$$

所以 D_1 随着 θ 的增大先减小后增大。

可证明 D_1 在 θ 的取值范围内均大于 0：

$$D_1\big|_{\theta=0} = a + (1-k)p > 0$$

由于 $\theta^1 = \dfrac{2(2+k)(1-k)\bar{s}}{\dfrac{2-k^2}{g_1} - \dfrac{k}{g_2}} \leqslant 2g_1\bar{s}$，可得 $\dfrac{(2+k)(1-k)}{\dfrac{2-k^2}{g_1} - \dfrac{k}{g_2}} \leqslant g_1$，假设 $p >$

$g_1\bar{s}^2$，即处理商卖给再制造商处理过的废旧电子产品的价格高于行业最高处理成本，因此 D_1 的极小值：

$$D_1\big|_{\theta=\theta^1} = a + (1-k)p - \frac{(2+k)(1-k)^2\bar{s}^2}{\dfrac{2-k^2}{g_1} - \dfrac{k}{g_2}} \geqslant a + (1-k)(p - g_1\bar{s}^2) > 0$$

故 D_1 在 θ 的取值范围内均大于 0。

由于 $\pi_1^* = \dfrac{1}{(2-k)^2}D_1^2$，易知 π_1^* 与 D_1 有相同的性质，即 π_1^* 是一个在 $[0, 2g_1\bar{s}]$ 上先减小后增大的凸函数。

（2）对处理商 2 来说，存在

$$\frac{\partial^2 D_2}{\partial \theta^2} = \frac{1}{2(k+2)}\left(\frac{2-k^2}{g_2} - \frac{k}{g_1}\right) \tag{8-25}$$

$$\theta^2 = \frac{2(2+k)(1-k)\bar{s}}{\dfrac{2-k^2}{g_2} - \dfrac{k}{g_1}} \tag{8-26}$$

$$\theta^2 - 2g_1\bar{s} = \frac{2(2-k^2)\left(1 - \dfrac{g_1}{g_2}\right)\bar{s}}{\dfrac{2-k^2}{g_2} - \dfrac{k}{g_1}} \tag{8-27}$$

如果 $\dfrac{2-k^2}{g_2} - \dfrac{k}{g_1} > 0$，即 $\dfrac{g_1}{g_2} > \dfrac{k}{2-k^2}$ 时，有 $\dfrac{\partial^2 D_2}{\partial \theta^2} > 0$，$\theta^2 > 2g_1\bar{s}$，因此 D_2 是在 $[0, 2g_1\bar{s}]$ 上单调递减的凸函数。

如果 $\dfrac{2-k^2}{g_2} - \dfrac{k}{g_1} = 0$，即 $\dfrac{g_1}{g_2} = \dfrac{k}{2-k^2}$ 时，有 $\dfrac{\partial^2 D_2}{\partial \theta^2} = 0$，$\dfrac{\partial D_2}{\partial \theta} = -(1-k)\bar{s} < 0$，因

此 D_2 是在 $[0,2g_1\bar{s}]$ 上单调递减的线性函数。

如果 $\dfrac{2-k^2}{g_2}-\dfrac{k}{g_1}<0$，即 $\dfrac{g_1}{g_2}<\dfrac{k}{2-k^2}$ 时，有 $\dfrac{\partial^2 D_2}{\partial\theta^2}<0,\theta^2<0$，因此 D_2 是在 $[0,2g_1\bar{s}]$ 上单调递减的凹函数。

考虑 $D_2\big|_{\theta=2g_1\bar{s}}=a+(1-k)p+\dfrac{k-(2-k^2)\left(2-\dfrac{h_1}{h_2}\right)}{2+k}g_1\bar{s}^2>0$ 的情况，则 D_2 在 $[0,2g_1\bar{s}]$ 上均大于 0，因此 π_2^* 与 D_2 有相同的性质，即单调递减的凸函数 $\left(\dfrac{g_1}{g_2}>\dfrac{k}{2-k^2}\right)$、线性函数 $\left(\dfrac{g_1}{g_2}=\dfrac{k}{2-k^2}\right)$ 或凹函数 $\left(\dfrac{g_1}{g_2}<\dfrac{k}{2-k^2}\right)$。

此外，有 $D_1-D_2=\dfrac{(2-k)(k+1)}{4(2+k)}\left(\dfrac{1}{g_1}-\dfrac{1}{g_2}\right)\theta^2>0$，所以一直有 $\pi_1^*>\pi_2^*$。

通过上述分析可得到以下推论：

推论 2：处理商 1 的最优利润 π_1^* 是关于 θ 的先减小后增大的凸函数，而 π_2^* 是关于 θ 的单调递减的凸函数（当 $\dfrac{g_1}{g_2}>\dfrac{k}{2-k^2}$）、线性函数（当 $\dfrac{g_1}{g_2}=\dfrac{k}{2-k^2}$）和凹函数（当 $\dfrac{g_1}{g_2}<\dfrac{k}{2-k^2}$）。此外，在 θ 的取值范围内总有 π_2^* 小于 π_1^*。

这是因为采取网络回收渠道的处理商 1 具有较低的减排成本，同时处理商 1 的回收价格较低，此外由式（8-2）、式（8-7）、式（8-9）容易证得两处理商的废旧电子产品回收量之差 $\Delta q=q_1-q_2=\dfrac{(1+k)(g_2-g_1)\theta^2}{4(k+2)g_1g_2}>0$，即处理商 1 的回收量高于处理商 2 的回收量，所以处理商 1 的最优利润大于处理商 2 的最优利润。另外，消费者环保意识的提高总是会导致处理商 2 的利润减少，而处理商 1 的利润在消费者环保意识达到某一水平后开始增长。由于假设处理商 1 和处理商 2 仅在减排成本系数上有所不同，这表明采取网络回收渠道会使处理商 1 在消费者关注环境污染的竞争中取得优势。

8.4.2 均衡回收利润数值分析

此处主要采用上一节的参数设置，$p=200,a=100,\bar{s}=2,g_1=20,g_2=30$，$\theta=30$，而 k 分别取值 $0.5,(-3+\sqrt{41})/4,0.95$（分别对应 $\dfrac{g_1}{g_2}\gtrless\dfrac{k}{2-k^2}$），代入均

衡利润公式(8-21),得到两处理商的最优利润如表 8-1 所示。

表 8-1 处理商最优利润结果

k	π_1	π_2
0.5	13825.8403	13301.7778
$(-3+\sqrt{41})/4$	11583.8558	11065.7254
0.95	10731.0118	10223.5928

表 8-1 可以进一步验证上一节的结论,即处理商 1 的最优利润总是大于处理商 2 的最优利润。此外,还可以看出随着 k 的增大,两处理商的利润均减少。

为了更好地说明,针对不同 k 值下的消费者环保意识 θ 进行敏感度分析,如图 8-4、图 8-5、图 8-6 所示。

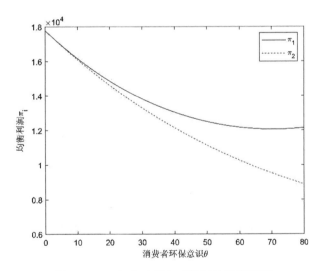

图 8-4 $g_1/g_2 > k/(2-k^2)$ 时的均衡利润

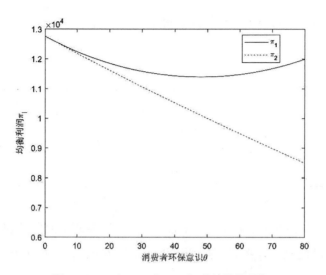

图 8-5 $g_1/g_2 = k/(2-k^2)$ 时的均衡利润

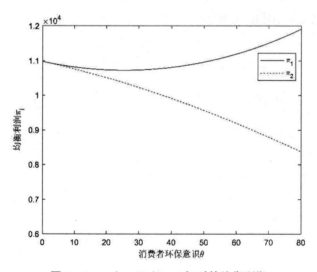

图 8-6 $g_1/g_2 < k/(2-k^2)$ 时的均衡利润

　　如上图所示，π_1^* 是一个先减小后增大的凸函数，而随着 g_1/g_2 的相对减小，π_2^* 分别是单调递减的凸函数、线性函数和凹函数。处理商 1 在竞争中不仅能获得较高的利润，且利润优势随着消费者环保意识的增强会越来越大。

　　对以上三种情况的具体分析如下：

　　(1)当 $k=0.5$ 时，此时 $g_1/g_2 > k/(2-k^2)$，处理商 1 的利润在 $\theta \in (0,65)$

时持续大幅下降,在 $\theta > 65$ 时增长极为缓慢,几乎处于水平状态;而处理商 2 的利润在 θ 取值范围内更迅速地减少。可以看出,当 $\theta \in (0,10)$ 时两处理商最优利润几乎没有差别,而当 $\theta > 20$ 时处理商 1 的利润优势才显示出来。这表明渠道竞争强度为中等程度时,消费者环保意识几乎对两处理商的利润都只带来负面影响,只有在消费者环保意识水平不太低时采用网络回收渠道才有利润优势。

(2)当 $k = (-3 + \sqrt{41})/4 (\approx 0.85)$ 时,此时 $g_1/g_2 = k/(2 - k^2)$,处理商 1 的利润在 $\theta \in (0,45)$ 时缓慢下降,随后缓慢上升,但依然低于 $\theta = 0$ 时的利润;而处理商 2 的利润在 θ 取值范围内呈直线下降。同样的,当 $\theta \in (0,10)$ 时两处理商之间的利润差别极小,这意味着渠道竞争强度较高时,总体而言,消费者环保意识均给两种渠道带来不利影响,但消费者环保意识达到一定水平后处理商 1 的利润情况会变好。

(3)$k = 0.95$ 时,此时 $g_1/g_2 < k/(2 - k^2)$,处理商 1 的利润在 $\theta \in (0,25)$ 时缓慢下降,随后逐渐上升,且在 $\theta = 45$ 时达到 $\theta = 0$ 时的利润水平,并在 θ 的边界处取得最大值;处理商 2 的利润则以接近直线的曲线下降。与前面两种情况类似,当 $\theta \in (0,10)$ 时两渠道利润差别极小,不同的是,在渠道竞争强度极高,即网络回收渠道和传统回收渠道的可替代性非常小时,如果消费者环保意识水平达到中上程度,网络回收渠道的利润就会达到新的高度。

综合上述分析,可知消费者环保意识较薄弱时,两种回收渠道的利润几乎没有差别,消费者环保意识水平不太低时,网络回收渠道的利润较高;k 值较大时,如果消费者环保意识水平较高,网络回收渠道的利润会明显增加,甚至可能在 θ 取值范围内达到新高。

再考虑 k 值对均衡利润的影响。设置参数 $p = 200, a = 100, \bar{s} = 2, g_1 = 20, g_2 = 30, \theta = 40$,如图 8 - 7 所示。

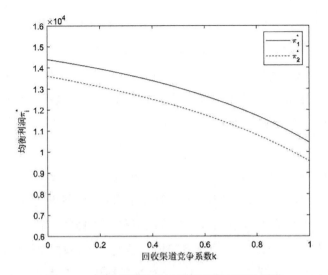

图 8‑7 回收渠道竞争系数对均衡利润的影响

由图 8‑7 可知,随着 k 值的增大,两处理商的利润总体均呈下降趋势,且下降趋势极为相似,利润差几乎保持不变。鉴于 k 指的是传统回收渠道和网络回收渠道的可替代程度,这表明两种渠道之间的差异越小、可替代性越高,或者说回收渠道之间的竞争越激烈,两处理商的利润都会越来越低。

为了更直观地对比不同 k 值下处理商的利润水平,依然采用上述参数设置,如图 8‑8、图 8‑9 所示,分别是处理商 1 和处理商 2 的利润随消费者环保意识的变化情况,其中上标 1、2、3 分别代表 k 取 0.5、$(-3+\sqrt{41})/4$、0.95。

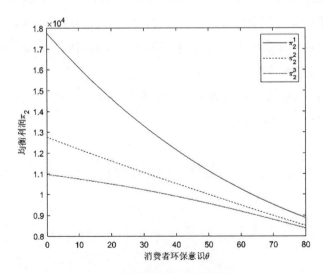

图 8‑8 不同 k 值下的均衡利润 π_1

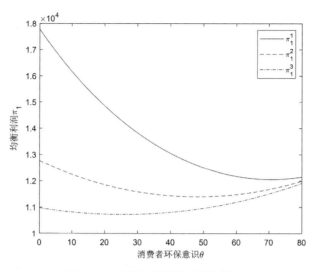

图 8 - 9　不同 k 值下的均衡利润 π_2

图 8 - 8、图 8 - 9 均显示出消费者环保意识水平越低，处理商利润随 k 值增大而减少的幅度就越大，而当消费者环保意识水平较高时利润减少幅度非常小，这说明回收渠道竞争系数 k 在消费者环保意识水平较低时对处理商利润的影响更大，因为此时处理商的减排措施对消费者参与废旧电子产品回收的影响很小，而渠道竞争强度对利润影响更大；随着消费者环保意水平的提高，消费者更在意减排力度，此时渠道竞争强度对利润影响较小。

8.4.3　回收渠道策略

根据上文消费者环保意识对处理商最优利润的影响路径分析，对处理商有如下建议措施：

（1）处理商在消费者环保意识很低时选择网络回收渠道和传统回收渠道均可，因为此时不同渠道的利润差别极小。

（2）处理商在消费者环保意识不太低时应优先选择网络回收渠道，因为此时网络回收渠道的便利性得以体现，处理商能够采取较低的回收价格策略，同时拥有更高的回收量，因而获得更高的利润。

（3）采用网络回收渠道的处理商应在两种回收渠道竞争非常激烈（k 接近 1）时努力提高消费者环保意识，例如加大环保宣传力度，因为此时提高消费者环保意识到中上水平将使得处理商利润持续增长,并达到新的利润高度。

(4)处理商应增强自身回收渠道与其他处理商的回收渠道的差异性以降低渠道间的竞争程度,以获得更高的利润,这一点对于采用不同回收渠道的处理商均适用,因为双方的利润都随着渠道竞争程度的增强而受损,尤其在消费者环保意识比较低时——此时渠道竞争程度的加剧给处理商带来的利润损失更大。

本章通过建立一个双寡头模型,运用博弈论研究了分别采用传统回收渠道和网络回收渠道的处理商在消费者环保意识(即消费者对污染排放的厌恶)影响下的减排和定价策略。

本章的主要结论如下:

(1)随着消费者环保意识的增强,最优回收价格将先增大后减小,且采用网络回收渠道的处理商可以采取较低的回收价格策略。

(2)采用传统回收渠道的处理商的利润总是随着消费者环保意识水平的上升而减少,而采用网络回收渠道的处理商的利润则先减少后增大,且后者的利润总是高于前者的利润。

(3)消费者环保意识一定时,传统回收渠道和网络回收渠道的可替代程度越高,即渠道之间的竞争越激烈,两处理商的利润就越低,且消费者环保意识水平越低,渠道竞争越激烈,对处理商利润的影响越不利。

(4)当消费者环保意识水平较低时,处理商选择哪种回收渠道差别不大;当消费者环保意识水平不是太低时,处理商自建回收渠道时应选择网络回收渠道。

第 9 章
本书结论及未来研究方向

9.1 本书研究的结论

本书以废旧电子产品回收为主要的研究对象,通过分别针对企业再制造产品需求角度、企业回收定价角度、政府环境治理角度、政府奖惩力度角度、消费者心理距离角度等方面进行废旧电子产品系统化回收相关因素的挖掘和作用关系探索与路径联接,进而研究和总结出以下有效结论,针对每一部分的研究提出了一部分回收的推进策略。

(1)废旧电子产品回收再制造闭环供应链的发展终将成为电子电器企业发展的基本战略要求。

(2)考虑到政府环境约束和消费者的环保偏好,可以进一步促进闭环供应链的绿色发展。

(3)通过对比制造商和零售商在环境治理需求下的集中决策和分散决策,可以发现,当双方进行集中决策时,可以带来各方面的最优决策、最高利润以及环境质量改善。

(4)提高奖惩制度或提高消费者的环保意识可以促使企业提高回收数量,促进政府提高综合效益。但是,这两个杠杆对企业和政府的策略有不同的含义。

(5)对于回收处理商来说,企业的回收价格随着单位处理成本的降低而上涨,随着政府分配的回收限额的增加而上涨,随着消费者环保意识的提高而下降。

（6）从消费者和企业的角度来看，针对中央计划者的适当的增收策略是首先提高消费者的环保意识，然后提高奖惩系数。这种策略激励企业投资于增加回收率的活动，而又不会引起产品价格和企业利润的急剧变化。心理距离会影响消费者的回收意识，推进策略可以从这一方面入手。

（7）政府应鼓励回收处理企业引进新技术、提高效率并加大规模，以形成规模经济。其次，合理的设置质量阈值，可以有效帮助回收商降低处置成本、提高回收数量。最后，在加强消费者环保意识的同时，也要加强正规回收商的回收网点的设立，为消费者提供便利。

（8）采用网络回收渠道的处理商可以采取较低的回收价格策略；采用传统回收渠道的处理商的利润总是随着消费者环保意识水平的上升而减少，而采用网络回收渠道的处理商的利润则先减少后增大，且后者的利润总是高于前者的利润；消费者环保意识一定时，传统回收渠道和网络回收渠道的可替代程度越高，渠道之间的竞争越激烈，两处理商的利润就越低，且消费者环保意识水平越低，渠道竞争越激烈，对处理商利润的影响越不利；当消费者环保意识水平较低时，处理商选择哪种回收渠道差别不大；当消费者环保意识水平不是太低时，处理商自建回收渠道时应选择网络回收渠道。

总之，社会在不断发展，新的科技也在不断产生，关于废旧电子产品的相关问题也会产生变化。这就要求企业与居民明白，环境保护是整个社会的共同责任，经济的发展只有与环境保护相协调才能被称为绿色的发展。对于居民心理距离和废旧电子产品回收的相关研究，既可以从居民这一回收源头去探索这个问题的影响机制，弥补研究空白，又可以间接地建立整个社会共同参与环境保护的良好风气，共同构建环境美好社会。因此，根据本书对于影响回收行为的各种因素的研究，有关部门可以通过相应的影响机制进行行为影响因素的控制与回收行为的促进。

9.2　本书研究的贡献

本书的主要贡献如下：

（1）与传统回收端出发的废弃电子产品回收再制造研究不同，本书从需求角度出发,通过动态需求模型考虑了时间和数量不确定性对回收再制造企业的影响。

(2)提出了考虑消费者环保意识的包含两处理商的逆向供应链模型,而以往消费者行为对废旧电子产品回收影响的研究中并没有考虑消费者对处理商拆解废旧电子产品的污染排放的厌恶对处理商回收渠道选择的影响。

(3)研究了传统回收渠道和网络回收渠道的可替代程度对博弈双方的均衡利润的影响。事实上即使渠道的形式不同,渠道之间也存在着一定的可替代程度,而可替代程度与渠道之间的竞争激励程度相关,并对双方利润产生影响。

9.3　研究不足和未来研究展望

针对本书所提出的模型,分析得出以下不足或可以优化的点,未来研究可以考虑从以下方面开展。

(1)第二章中在构建需求角度出发的决策模型时,未能考虑产品需求预测的真实变化情况。未来的研究可以进一步对不同阶段的策略决策模型进行优化,同时将各个阶段的策略决策联系起来,形成一条贯穿闭环供应链的废旧电子产品回收模式模型。

(2)第七章中在废旧电子产品回收中政府激励的效率分析模型中所考虑因素不全面,未来可以添加新因素,如消费者偏好、非经济激励因素等进一步研究。此外,还可以引入非正规回收商施加的激励机制中的奖惩机制,进一步分析。

附录

心理距离调查问卷

附录 A 预调查问卷

预调查问卷用于测量衡量心理距离及后果严重性的指标选取是否合适,发放范围为网络随机发放。我们容易理解,时间距离、空间距离、概率距离和社会距离的远近,这些组成了心理距离,接下来请思考以下事件,感受你们在心理上认为的距离远近,然后在五点量表上评定您的心理距离远近程度(1 距离很远;2 距离较远;3 不远不近;4 距离较近;5 距离很近),以下问题均为假设情境。

表 A1 预调查问卷

问题	量表评分				
	1	2	3	4	5
1. 目前,由于废旧电子产品的随意处置而使环境受到污染,影响了居民的健康,您认为这件事,您的时间距离为?					
2. 废旧电子产品随意处置使得 40 年后环境受到污染,影响居民健康,您认为这件事,您的时间距离是?					
3. 您所居住地区由于废旧电子产品随意处置而污染了环境,影响居民的健康,那您认为这件事,您的空间距离是?					
4. 巴西由于废旧电子产品随意处置而污染了环境,影响居民的身体健康,那您对于这件事的空间距离是?					
5. 废旧电子产品随意处置可能会导致环境污染,危害居民健康,您的概率距离是?					

（续表）

问题	量表评分				
	1	2	3	4	5
6. 废旧电子产品随意处置可能会导致十分遥远的太阳系外两个星体碰撞,您的概率距离是?					
7. 您好朋友的居住地因为废旧电子产品随意处置而发生了污染,危害居民身体健康,对于这件事您的社会距离是?					
8. 一个从未谋面的陌生网友居住地因为废旧电子产品随意处置而发生污染,危害居民健康,对于这件事您的社会距离是?					

附录 B　正式调查问卷

尊敬的先生/女士,您好!

感谢您在百忙之中可以回答此问卷! 此问卷是为了了解废旧电子产品回收及行为而设计的。请您如实填写,我们保证严格保密问卷信息,仅用于本次的研究中,请放心填写。

一、基本信息

(1)您的性别是?

A. 男　　B. 女

(2)您的年龄?

A. 18～29　　B. 30～39　　C. 40～49　　D. 50～59　　E. 60 以上

(3)您的教育程度?

A. 高中及以下　　B. 大专　　C. 本科　　D. 硕士及以上

(4)您的月收入?

A. 3000 元或以下　　B. 3001～6000 元　　C. 6001～9000 元

D. 9000～12000 元　　E. 12001～15000 元　　F. 15000 元以上

(5)您的职业?

A. 个体工商业者　　B. 学生　　C. 企业职员　　D. 公务员　　E. 退休人员

F. 其他

二、变量相关问题

X－1 心理距离影响个人环境意识;X－2 心理距离影响后果严重性;X－3 后果严重性影响个人环境意识(量表评分中 1 完全不同意、2 不同意、3 一般、4 同意、5 完全同意)。

表 B1　正式调查部分问题

题项序号	问题	量表评分				
		1	2	3	4	5
6	1-1目前,由于废旧电子产品的随意处置而使环境受到污染,影响了居民的健康,所以您对废旧电子产品回收政策的支持度很高。					
7	1-2目前,由于废旧电子产品的随意处置而使环境受到污染,影响了居民的健康,您认为这件事很严重。					
8	1-3目前,由于废旧电子产品的随意处置而使环境受到污染,您认为这件事的严重程度越大,会使得您的环境意识越强。					
9	2-1废旧电子产品随意处置使 100 年后环境受到污染,影响居民健康,您对废旧电子产品回收政策的支持度很高。					
10	2-2废旧电子产品随意处置使 100 年后环境受到污染,影响居民健康,您认为这件事很严重。					
11	2-3废旧电子产品随意处置使 100 年后环境受到污染,影响居民健康,您认为的这件事严重程度越大,则您的环境意识越强。					
12	3-1您所居住地区由于废旧电子产品随意处置而污染了环境,影响居民的健康,您对废旧电子产品回收政策的支持度很高。					
13	3-2您所居住地区由于废旧电子产品随意处置而污染了环境,影响居民的健康,您认为这件事很严重。					
14	3-3您所居住地区由于废旧电子产品随意处置而污染了环境,影响居民的健康,您认为这件事越严重,您的环境意识越强。					

（续表）

题项序号	问题	量表评分				
		1	2	3	4	5
15	4-1巴西附近由于废旧电子产品随意处置而污染了环境,影响居民的身体健康,您对废旧电子产品回收政策的支持度很高。					
16	4-2巴西附近由于废旧电子产品随意处置而污染了环境,影响居民的身体健康,您认为这件事很严重。					
17	4-3巴西附近由于废旧电子产品随意处置而污染了环境,影响居民的身体健康,您认为这件事越严重,您的环境意识越强。					
18	5-1因为废旧电子产品随意处置会导致环境污染,危害居民健康,所以您对废旧电子产品回收政策的支持度支持度很高。					
19	5-2废旧电子产品随意处置会导致环境污染,危害居民健康,您认为这件事很严重。					
20	5-3废旧电子产品随意处置会导致环境污染,危害居民健康,您认为这件事越严重则你的环境意识越强。					
21	6-1因为废旧电子产品随意处置可能导致很遥远的太阳系外的两个星体相撞,所以您对废旧电子产品回收政策的支持度很高。					
22	6-2因为废旧电子产品随意处置可能导致很遥远的太阳系外的两个星体相撞,您认为这件事很严重。					
23	6-3废旧电子产品随意处置可能会导致很遥远的太阳系外的两个星体相撞,您认为这件事越严重,则您的环境参与意识越高。					
24	7-1您好朋友的居住地因为废旧电子产品随意处置而污染,危害居民身体健康,所以您对废旧电子产品回收政策的支持度很高。					
25	7-2您好朋友的居住地因为废旧电子产品随意处置而污染,危害居民身体健康,所以您认为这件事很严重。					

（续表）

题项序号	问题	量表评分				
		1	2	3	4	5
26	7-3 您好朋友的居住地因废旧电子产品随意处置而污染,危害居民身体健康,那您认为这件事越严重则您的环境意识越高。					
27	8-1 一个从未谋面的陌生网友居住地因废旧电子产品随意处置而污染,危害健康,所以您对废旧电子产品回收政策的支持度很高。					
28	8-2 一个从未谋面的陌生网友居住地因废旧电子产品随意处置而污染,危害健康,所以您认为这件事很严重。					
29	8-3 一个从未谋面的陌生网友居住地因废旧电子产品随意处置而污染,危害健康,那您认为其越严重,则您的环境意识越强					

三、态度、意愿相关问题

表 B2　态度意愿相关问题

序号	问题	量表评分				
		1	2	3	4	5
30	1-1 随意处置废旧电子产品会对环境造成污染进而影响居民身体健康。					
31	1-2 妥善配合回收废旧电子产品是一种值得尊敬的行为。					
32	1-3 我愿意主动参与废旧电子产品回收。					
33	1-4 希望国家出台废旧电子产品回收政策。					
34	2-1 我会主动配合国家和企业相关废旧电子产品回收行动。					
35	2-2 我会配合政府与企业宣传废旧电子产品回收的知识。					
36	2-3 我今后会通过正当途径回收废旧电子产品。					

（续表）

序号	问题	量表评分				
		1	2	3	4	5
37	2-4 以前我从未通过正当途径进行废旧电子产品的回收。					

参考文献

［1］曹晓刚,黄美,闻卉.考虑公平关切的闭环供应链差别定价决策及协调策略［J］.系统工程理论与实践,2019,39(9):2300-2314.

［2］韩梅,康凯.闭环供应链定价决策机制研究——基于双重竞争视角［J］.技术经济与管理研究,2019(4):3-10.

［3］侯艳辉,王晓晓,郝敏,于灏,饶卫振.政府补贴和平台宣传投入下双渠道逆向供应链定价策略研究［J］.运筹与管理,2019,28(5):84-91.

［4］刘亮,李斧头.考虑激励模式的动态回收闭环供应链最优决策与协调研究［J］.工业工程与管理,2020,25(2):125-133.

［5］Hosseini-Motlagh S-M, Nouri-Harzvili M, Johari M, 等. Coordinating economic incentives, customer service and pricing decisions in a competitive closed-loop supply chain［J］. Journal of Cleaner Production, 2020, 255:120241.

［6］Ylä-Mella J, Keiski R L, Pongrácz E. Electronic waste recovery in Finland:Consumers' perceptions towards recycling and re-use of mobile phones［J］. Waste Management, 2015, 45:374-384.

［7］李宝库,郭婷婷,吴正祥.自我构建视角下消费者闲置物品回收参与意愿研究［J］.管理学报,2019,16(05):736-746.

［8］陈六新,胡永琼,谢天帅.基于随机需求和消费者意识的双回收渠道闭环供应链研究［J］.西南大学学报(自然科学版),2018,40(08):128-137.

［9］Ting H, Thaichon P, Chuah F, 等. Consumer behaviour and disposition decisions:The why and how of smartphone disposition［J］. Journal of

Retailing and Consumer Services，2019，51：212－220.

［10］魏洁. 废弃电器电子产品"互联网＋"回收模式构建［J］. 科技管理研究，2016，36(21)：230－234.

［11］Wang B，Ren C，Dong X，等. Determinants shaping willingness towards on-line recycling behaviour：An empirical study of household e-waste recycling in China［J］. Resources，Conservation and Recycling，2019，143：218－225.

［12］许民利，邹康来，简惠云. "互联网＋"环境下考虑消费者行为的资源回收策略［J］. 控制与决策，2019，34(08)：1745－1753.

［13］王昶，吕夏冰，孙桥. 居民参与"互联网＋回收"意愿的影响因素研究［J］. 管理学报，2017，14(12)：1847－1854.

［14］许民利，向泽华，简惠云. 考虑消费者环保意识的 WEEE 双渠道回收模型［J］. 控制与决策，2020，35(03)：713－720.

［15］Malc D，Mumel D，Pisnik A. Exploring price fairness perceptions and their influence on consumer behavior［J］. Journal of Business Research，2016，69(9)：3693697.

［16］罗新星，陈元元. 基于策略消费者风险偏好行为的供应链定价研究［J］. 经济与管理评论，2018，34(05)：73－83.

［17］Song W，Chen J，Li W. Spillover Effect of Consumer Awareness on Third Parties' Selling Strategies and Retailers' Platform Openness［J］. Information Systems Research，INFORMS，2020.

［18］赵礼强，常芮. 考虑消费者搭便车行为的零售商定价策略分析［J］. 商业研究，2019(07)：1－8.

［19］Zhang X，Zhang L，Fung K Y，等. Product design：Impact of government policy and consumer preference on company profit and corporate social responsibility［J］. Computers ＆ Chemical Engineering，2018，118：118－131.

［20］van Dijk G，Minocha S，Laing A. Consumers，channels and communication：Online and offline communication in service consumption[J]. Interacting with Computers，2007，19(1)：7 - 19.

[21] Gupta A，Su B，Walter Z. Risk profile and consumer shopping behavior in electronic and traditional channels[J]. Decision Support Systems，2004，38(3)：347 - 367.

[22] Wang R，Ke C，Cui S. Product Price，Quality，and Service Decisions Under Consumer Choice Models [J]. Manufacturing ＆ Service Operations Management，INFORMS，2021.

[23] Yu Y，Han X，Hu G. Optimal production for manufacturers considering consumer environmental awareness and green subsidies[J]. International Journal of Production Economics，2016，182：397 - 408.

[24] Sabbaghi M，Esmaeilian B，Raihanian Mashhadi A，等. An investigation of used electronics return flows：A data-driven approach to capture and predict consumers storage and utilization behavior [J]. Waste Management，2015，36：305 - 315.

[25] Zhang L，Wang J，You J. Consumer environmental awareness and channel coordination with two substitutable products[J]. European Journal of Operational Research，2015，241(1)：63 - 73.

[26] Jiménez-Parra B，Rubio S，Vicente-Molina M-A. Key drivers in the behavior of potential consumers of remanufactured products：a study on laptops in Spain[J]. Journal of Cleaner Production，2014，85：488 - 496.

[27] 熊中楷，梁晓萍. 考虑消费者环保意识的闭环供应链回收模式研究[J]. 软科学，2014，28(11)：61 - 66.

[28] Jiao W，Boons F. Policy durability of Circular Economy in China：A process analysis of policy translation[J]. Resources，Conservation and Recycling，2017，117：12 - 24.

[29] Zhou W，Zheng Y，Huang W. Competitive advantage of qualified WEEE recyclers through EPR legislation [J]. European Journal of Operational Research，2017，257(2)：641 - 655.

[30] 高艳红，陈德敏，谭志雄. 废弃电器电子产品处理补贴政策优化、退出与

税收规制[J]. 系统管理学报，2016，25(4)：725－732.

[31] Liu H，Lei M，Deng H，等. A dual channel，quality-based price competition model for the WEEE recycling market with government subsidy[J]. Omega，2016，59：290－302.

[32] Zhang M，Tse Y K，Doherty B，等. Sustainable supply chain management：Confirmation of a higher-order model[J]. Resources，Conservation and Recycling，2018，128：206－221.

[33] Ngai E W T，Law C C H，Lo C W H，等. Business sustainability and corporate social responsibility：case studies of three gas operators in China[J]. International Journal of Production Research，2018，56(1－2)：660－676.

[34] Haleem F，Farooq S，Wæhrens B V. Supplier corporate social responsibility practices and sourcing geography[J]. Journal of Cleaner Production，2017，153：92－103.

[35] 温小琴，董艳茹. 基于企业社会责任的逆向物流回收模式选择[J]. 运筹与管理，2016，25(1)：275－281.

[36] Qu Y，Liu Y，Nayak R R，等. Sustainable development of eco-industrial parks in China：effects of managers' environmental awareness on the relationships between practice and performance[J]. Journal of Cleaner Production，2015，87：328－338.

[37] Chen L，Yucel S，Zhu K. Online Supplement to Inventory Management in a Closed-Loop Supply Chain with Advance Demand Information[J]. SSRN Electronic Journal，2016.

[38] Andre P. Calmon，Stephen C. Graves. Inventory Management in a Consumer Electronics Closed-Loop Supply Chain[J]. Manufacturing & Service Operations Management，2017，19(4)：568－585.

[39] Kadambala D K，Subramanian N，Tiwari M K，等. Closed loop supply chain networks：Designs for energy and time value efficiency[J]. International Journal of Production Economics，2017，183：382－393.

［40］Archetti C，Bertazzi L，Hertz A，等. A Hybrid Heuristic for an Inventory Routing Problem［J］. Informs Journal on Computing，2012，24(1)：101－116.

［41］李锐，黄敏，王兴伟. 多周期的第四方物流弹复性正逆向集成网络设计模型与算法［J］. 系统工程理论与实践，2015，35(4)：892－903.

［42］Vadde S，Kamarthi S V，Gupta S M. Pricing End-of-Life Items with Inventory Constraints［J］.：14.

［43］陈军，田大钢. 闭环供应链模型下的产品回收模式选择［J］. 中国管理科学，2017，25(1)：88－97.

［44］Maiti T，Giri B C. Two-way product recovery in a closed-loop supply chain with variable markup under price and quality dependent demand［J］. International Journal of Production Economics，2017，183：259－272.

［45］Feng L，Govindan K，Li C. Strategic planning：Design and coordination for dual-recycling channel reverse supply chain considering consumer behavior［J］. European Journal of Operational Research，2017，260(2)：601－612.

［46］Hu S，Dai Y，Ma Z-J，等. Designing contracts for a reverse supply chain with strategic recycling behavior of consumers［J］. International Journal of Production Economics，2016，180：16－24.

［47］张涛，郭春亮，卢宝周. 考虑公平偏好的产品回收策略［J］. 系统管理学报，2016，25(5)：806－812.

［48］Wang H，Jiang Z，Zhang X，等. A fault feature characterization based method for remanufacturing process planning optimization［J］. Journal of Cleaner Production，2017，161：708－719.

［49］Shakourloo A. A multi-objective stochastic goal programming model for more efficient remanufacturing process［J］. The International Journal of Advanced Manufacturing Technology，2017，91(1－4)：1007－1021.

［50］Shakourloo A，Kazemi A，Javad M O M. A new model for more

effective supplier selection and remanufacturing process in a closed-loop supply chain[J]. Applied Mathematical Modelling，2016，40(23 - 24)：9914 - 9931.

[51] 张涛，郭春亮，付芳. 基于回收产品质量分级的再制造策略研究[J]. 工业工程与管理，2016，21(6)：118 - 123＋129.

[52] Golinska-Dawson P，Pawlewski P. Multimodal approach for modelling of the materials flow in remanufacturing process ［J］. IFAC-PapersOnLine，2015，48(3)：2133 - 2138.

[53] 邹宗保，王建军，邓贵仕. 再制造产品销售渠道决策分析[J]. 运筹与管理，2017，26(6)：1 - 9.

[54] Gan S - S，Pujawan I N，Suparno，等. Pricing decision for new and remanufactured product in a closed-loop supply chain with separate sales-channel[J]. International Journal of Production Economics，2017，190：120 - 132.

[55] 杜学美，唐星，谢正品. 考虑消费者偏好的再制造产品定价策略研究[J]. 工业工程与管理，2016，21(6)：84 - 89.

[56] Wu C-H. Strategic and operational decisions under sales competition and collection competition for end-of-use products in remanufacturing[J]. International Journal of Production Economics，2015，169：11 - 20.

[57] 倪明，莫露骅. 两种回收模式下废旧电子产品再制造闭环供应链模型比较研究[J]. 中国软科学，2013(08)：170 - 175.

[58] 黄宗盛，聂佳佳，胡培. 基于微分对策的再制造闭环供应链回收渠道选择策略[J]. 管理工程学报，2013，27(03)：93 - 102.

[59] 卢荣花，李南. 电子产品闭环供应链回收渠道选择研究[J]. 系统工程理论与实践，2016，36(07)：1687 - 1695.

[60] Tong X，Wang T，Chen Y，等. Towards an inclusive circular economy：Quantifying the spatial flows of e-waste through the informal sector in China ［J］. Resources，Conservation and Recycling，2018，135：163 - 171.

［61］ Chi X，Streicher-Porte M，Wang M Y L，等. Informal electronic waste recycling：a sector review with special focus on China［J］. Waste Management（New York，N.Y.），2011，31（4）：731－742.

［62］ 曹柬，杨晓丽，吴思思，等. 考虑再制造成本的闭环供应链回收渠道决策［J］. 工业工程与管理，2020，25（01）：152－160＋179.

［63］ Wang H，Han H，Liu T，等. "Internet ＋" recyclable resources：A new recycling mode in China［J］. Resources，Conservation and Recycling，2018，134：44－47.

［64］ Gu F，Ma B，Guo J，等. Internet of things and Big Data as potential solutions to the problems in waste electrical and electronic equipment management：An exploratory study［J］. Waste Management，2017，68：434－448.

［65］ Zlamparet G I，Ijomah W，Miao Y，等. Remanufacturing strategies：A solution for WEEE problem［J］. Journal of Cleaner Production，2017，149：126－136.

［66］ Liu Z，Tang J，Li B，等. Trade-off between remanufacturing and recycling of WEEE and the environmental implication under the Chinese Fund Policy［J］. Journal of Cleaner Production，2017，167：97－109.

［67］ 余福茂，钟永光，沈祖志. 考虑政府引导激励的电子废弃物回收处理决策模型研究［J］. 中国管理科学，2014，22（05）：131－137.

［68］ Winternitz K，Heggie M，Baird J. Extended producer responsibility for waste tyres in the EU：Lessons learnt from three case studies-Belgium，Italy and the Netherlands［J］. Waste Management，2019，89：386－396.

［69］ 钟永光，孔丽娟，尹凤福. 激励回收小商贩参与环保拆解的系统动力学仿真［J］. 系统管理学报，2010，19（04）：469－475.

［70］ 王文宾，达庆利. 奖惩机制下具竞争制造商的废旧产品回收决策模型［J］. 中国管理科学，2013，21（05）：50－56.

［71］ 张涛，郭春亮，卢宝周. 考虑公平偏好的产品回收策略［J］. 系统管理学报，2016，25（05）：806－812＋820.

[72] Dwivedy M，Suchde P，Mittal R K. Modeling and assessment of e-waste take-back strategies in India ［J］. Resources，Conservation and Recycling，2015，96：11 - 18.

[73] Guo L，Qu Y，Tseng M-L，等. Two-echelon reverse supply chain in collecting waste electrical and electronic equipment：A game theory model［J］. Computers & Industrial Engineering，2018，126：187 - 195.

[74] 杨玉香，黄祖庆. 电子废弃物许可证制度下闭环供应链网络成员企业行为［J］. 系统工程理论与实践，2016，36(04)：910 - 922.

[75] 谢天帅，张菊，王付雪. 中国电子废弃物押金返还政策决策模型及效应［J］. 运筹与管理，2017，26(01)：182 - 189.

[76] Biswas I，Avittathur B. Channel coordination using options contract under simultaneous price and inventory competition［J］. Transportation Research Part E：Logistics and Transportation Review，2019，123：45 - 60.

[77] Pricing，environmental governance efficiency，and channel coordination in a socially responsible tourism supply chain-Liu-2019-International Transactions in Operational Research-Wiley Online Library［EB/OL］. / 2021-01-10. https：//onlinelibrary. wiley. com/doi/abs/10. 1111/itor. 12489.

[78] 全林，张涛，王玉. 季节性商品的供应链渠道协调机制研究［J］. 工业工程与管理，2015，20(06)：14 - 18＋27.

[79] Song J M，Zhao Y，Xu X. Incentives and Gaming in Collaborative Projects Under Risk-Sharing Partnerships［J］. Manufacturing & Service Operations Management，2020：msom.2019.0840.

[80] 黄大荣，赖星霖，舒雪绒. 基于制造商提供服务的双渠道协调机制研究［J］. 运筹与管理，2016，25(04)：248 - 256.

[81] Tantiwattanakul P，Dumrongsiri A. Supply chain coordination using wholesale prices with multiple products，multiple periods，and multiple retailers：Bi-level optimization approach［J］. Computers & Industrial

Engineering，2019，131：391 - 407.

[82] Hu B，Feng Y，Chen X. Optimization and coordination of supply chains under the retailer's profit margin constraint[J]. Computers & Industrial Engineering，2018，126：569 - 577.

[83] Arifoğlu K，Tang C S. A Two-Sided Incentive Program for Coordinating the Influenza Vaccine Supply Chain [J]. Manufacturing & Service Operations Management，2021：msom.2020.0938.

[84] 许民利，李圣兰，郑杰. "互联网＋回收"情境下基于演化博弈的电子废弃物回收合作机理研究[J]. 运筹与管理，2018，27(09)：87 - 98.

[85] 谢家平，梁玲，李燕雨，等. 闭环供应链下收益共享契约机制策略研究[J]. 管理工程学报，2017，31(02)：185 - 193.

[86] Panda S，Modak N M，Cárdenas-Barrón L E. Coordinating a socially responsible closed-loop supply chain with product recycling [J]. International Journal of Production Economics，2017，188：11 - 21.

[87] Feng L，Govindan K，Li C. Strategic planning：Design and coordination for dual-recycling channel reverse supply chain considering consumer behavior[J]. European Journal of Operational Research，2017，260(2)：601 - 612.

[88] 朱晓东，吴冰冰，王哲. 双渠道回收成本差异下的闭环供应链定价策略与协调机制[J]. 中国管理科学，2017，25(12)：188 - 196.

[89] Heydari J，Choi T-M，Radkhah S. Pareto Improving Supply Chain Coordination Under a Money-Back Guarantee Service Program [J]. Service Science，INFORMS，2017，9(2)：91 - 105.

[90] Zhou Y-W，Guo J，Zhou W. Pricing/service strategies for a dual-channel supply chain with free riding and service-cost sharing[J]. International Journal of Production Economics，2018，196：198 - 210.

[91] Jena S K，Sarmah S P，Sarin S C. Joint-advertising for collection of returned products in a closed-loop supply chain under uncertain environment[J]. Computers & Industrial Engineering，2017，113：

305 - 322.

[92] 朱晓东，吴冰冰，王哲. 双渠道回收成本差异下的闭环供应链定价策略 [J]. 中国管理科学，2017，25(12)：188 - 196.

[93] Chih-Yang Tsai. The impact of cost structure on supply chain cash flow risk[J]. International Journal of Production Research，2017，55(22)： 1 - 14.

[94] 卢荣华，李楠. 零售商竞争环境下两周期闭环供应链回收渠道选择研究 [J]. 系统管理学报，26(6)：1143 - 1150.

[95] 刘慧慧，刘涛. 电器电子产品基金补贴和市场合作对正规回收渠道的影响研究[J]. 中国管理科学，2017，25(05)：87 - 96.

[96] 石纯来，聂佳佳. 规模不经济下奖惩机制对闭环供应链制造商合作策略影响[J]. 中国管理科学，2019，27(03)：85 - 95.

[97] 朱庆华，李幻云. 基于政府干预的报废汽车回收博弈模型[J]. 运筹与管理，2019，28(10)：339.

[98] 陈婉婷，胡志华. 奖惩机制下政府监管与制造商回收的演化博弈分析[J]. 软科学，2019，33(10)：106 - 112＋125.

[99] 余福茂，钟永光，沈祖志. 考虑政府引导激励的电子废弃物回收处理决策模型研究[J]. 中国管理科学，2014，22(05)：131 - 137.

[100] 王文宾，邓雯雯. 逆向供应链的政府奖惩机制与税收—补贴机制比较研究[J]. 中国管理科学，2016，24(04)：102 - 110.

[101] 王喜刚. 逆向供应链中电子废弃产品回收定价和补贴策略研究[J]. 中国管理科学，2016，24(08)：107 - 115.

[102] Wang M，Li Y，Li M，等. A comparative study on recycling amount and rate of used products under different regulatory scenarios [J]. Journal of Cleaner Production，2019，235：1153 - 1169.

[103] Zhao Y，Wang W，Ni Y. EPR system based on a reward and punishment mechanism：Producer-led product recycling channels[J]. Waste Management，2020，103：198 - 207.

[104] Tang Y，Zhang Q，Li Y，等. Recycling mechanisms and policy

suggestions for spent electric vehicles' power battery-A case of Beijing [J]. Journal of Cleaner Production, 2018, 186: 388 - 406.

[105] Liu Z (Leo), Anderson T D, Cruz J M. Consumer environmental awareness and competition in two-stage supply chains[J]. European Journal of Operational Research, 2012, 218(3): 602 - 613.

[106] Conrad K. Price Competition and Product Differentiation When Consumers Care for the Environment[J]. Environmental & Resource Economics, 2005, 31(1): 1 - 19.

[107] Arain A L, Pummill R, Adu-Brimpong J, 等. Analysis of e-waste recycling behavior based on survey at a Midwestern US University[J]. Waste Management, 2020, 105: 119 - 127.

[108] 熊中楷, 梁晓萍. 考虑消费者环保意识的闭环供应链回收模式研究[J]. 软科学, 2014, 28(11): 61 - 66.

[109] 许庆春, 陈义华. 基于消费者环保意识的闭环物流网络优化研究[J]. 物流技术, 2011, 30(13): 126 - 128.

[110] 房巧红. 公众环保意识对再制造决策的影响研究[J]. 工业工程, 2010, 13(01): 47 - 51.

[111] 刘阳, 张桂涛. 基于企业环保目标和消费者环保意识的闭环供应链网络决策研究[J]. 中国人口·资源与环境, 2019, 29(11): 71 - 81.

[112] 许民利, 向泽华, 简惠云. 考虑消费者环保意识的 WEEE 双渠道回收模型研究[J]. 控制与决策, : 1 - 8.

[113] 徐乔梅, 廖冰. 基于消费者环保阈值的企业供应链博弈模型构建[J]. 统计与决策, 2019, 35(13): 52 - 55.

[114] 陈六新, 胡永琼, 谢天帅. 基于随机需求和消费者意识的双回收渠道闭环供应链研究[J]. 西南大学学报(自然科学版), 2018, 40(08): 128 - 137.

[115] Yin J, Gao Y, Xu H. Survey and analysis of consumers' behaviour of waste mobile phone recycling in China [J]. Journal of Cleaner Production, 2014, 65: 517 - 525.

[116] 刘永清,龚清明,胡义润. 消费者废旧家电回收影响因素的评价体系研究[J]. 生态经济,2015,31(5):108 - 110.

[117] 陈红喜,曹刚,李文青,于淳馨. 消费者参与家电回收意愿影响因素的实证研究[J]. 环境科学与技术,2016,39(9):209 - 213.

[118] 张永芬,姜冠群,杨光. 情感依恋、收入效应与消费者手机回收意愿——基于禀赋效应的研究[J]. 生态经济,2019,35(6):193 - 199.

[119] De Ferran F, Robinot E, Ertz M. What makes people more willing to dispose of their goods rather than throwing them away? [J]. Resources, Conservation and Recycling, 2020, 156:104682.

[120] 徐航. 中国电子垃圾处理出路在何方[J]. 生态经济,2018,34(7):10 - 13.

[121] 张涛,陈志顺. 生态补偿视角下的电子垃圾治理策略[J]. 中国行政管理,2019(6):156 - 1577.

[122] Guerin D, Crete J, Mercier J. A Multilevel Analysis of the Determinants of Recycling Behavior in the European Countries[J]. Social Science Research, 2001, 30(2):195 - 218.

[123] Feng L, Govindan K, Li C. Strategic planning: Design and coordination for dual-recycling channel reverse supply chain considering consumer behavior [J]. European Journal of Operational Research, 2017, 260(2):601 - 612.

[124] Juhong Chen, Di Wu, Peng Li. Research on the Pricing Model of the Dual-Channel Reverse Supply Chain Considering Logistics Costs and Consumers' Awareness of Sustainability Based on Regional Differences [J]. Sustainability, 2018, 10(7).

[125] 高举红,李梦梦,霍帧. 市场细分下考虑消费者支付意愿差异的闭环供应链定价决策[J]. 系统工程理论与实践,2018,38(12):3071 - 3084.

[126] 陈六新,胡永琼,谢天帅. 基于随机需求和消费者意识的双回收渠道闭环供应链研究[J]. 西南大学学报(自然科学版),2019,40(8):128 - 137.

[127] 许民利,邹康来,简惠云."互联网＋"环境下考虑消费者行为的资源回收策略[J]. 控制与决策,2019,34(8):1745 - 1753.

[128] 饶龙泉. 我国电子废弃物回收、处理现状分析[J]. 中国金属通报，2013
(6)：20 - 21.

[129] 李金惠，程桂石. 电子废弃物管理理论与实践[M]. 北京：中国环境科学
出版社，2010.

[130] 毛玉如，李兴. 电子废弃物现状与回收处理探讨[J]. 再生资源研究，
2004(2)：11 - 14.

[131] 钱少江，葛君君. 我国电子废弃物回收处理现状及建议[J]. 北方环境，
2013，25(3)：58 - 60.

[132] 王红梅，王琪. 电子废弃物处置风险与管理概论[M]. 北京：中国环境科
学出版社，2010.

[133] 时青昊，王沛. "十二五"规划的环境产权政策分析——以电子垃圾收集
处置为例[J]. 上海行政学院学报，2012，13(2)：86 - 94.

[134] 钱伯章. 国内外电子垃圾回收处理利用进展概述[J]. 中国环保产业，
2010(8)：18 - 23.

[135] 肖岳峰，张东萍. 基于第三方的电子废弃物回收模式研究[J]. 中国管理
信息化，2010，13(7)：99 - 101.

[136] 王小雷，贺军. 探讨电子垃圾污染的处置与管理[J]. 环境科学与管理，
2006(2)：19 - 21.

[137] Hicks C，Dietmar R，Eugster M. The recycling and disposal of
electrical and electronic waste in China-legislative and market responses
[J]. Environmental Impact Assessment Review，2005，25(5)：459 -
471.

[138] 杨宝灵，张恩栋，李婷婷，赵琦，王冰. 国内外电子垃圾回收利用比较研究
与管理对策[J]. 广东化工，2006(7)：90 - 91＋94.

[139] McDonald R I，Chai H Y，Newell B R. Personal experience and the
'psychological distance' of climate change：An integrative review[J].
Journal of Environmental Psychology，2015，44：109 - 118.

[140] Jones C，Hine D W，Marks A D G. The Future is Now：Reducing
Psychological Distance to Increase Public Engagement with Climate

Change：Reducing Psychological Distance[J]. Risk Analysis，2017，37
(2)：331 - 341.

[141] Van der Linden S. Determinants and Measurement of Climate Change
Risk Perception，Worry，and Concern［A］. 见：Oxford Research
Encyclopedia of Climate Science[M]. Oxford University Press，2017.

[142] Spence A，Poortinga W，Pidgeon N. The Psychological Distance of
Climate Change：Psychological Distance of Climate Change[J]. Risk
Analysis，2012，32(6)：957 - 972.

[143] Zhang W，He G-B，Zhu Y，等. Effects of psychological distance on
assessment of severity of water pollution［J］. Social Behavior and
Personality：an international journal，2014，42(1)：69 - 78.

[144] 佘升翔，马超群，陆强，等. 环境风险沟通的心理距离模型[J]. 系统工
程，2012，30(9)：69 - 74.

[145] 陈海贤，何贵兵. 心理距离对跨期选择和风险选择的影响[J]. 心理学
报，2014，46(5)：677 - 690.

[146] 段锦云，王雪鹏，古晓花. 心理距离对后悔的影响[J]. 心理与行为研究，
2014，12(5)：671 - 674.

[147] 王修欣，杜秀芳. 心理距离对判断预测中的趋势阻尼的影响[J]. 心理科
学，2016，39(1)：28 - 35.

[148] Mir H M，Behrang K，Isaai M T，等. The impact of outcome framing
and psychological distance of air pollution consequences on
transportation mode choice［J］. Transportation Research Part D：
Transport and Environment，2016，46：328 - 338.

[149] Sacchi S，Riva P，Aceto A. Myopic about climate change：Cognitive
style，psychological distance，and environmentalism[J]. Journal of
Experimental Social Psychology，2016，65：68 - 73.

[150] Stone E R，Allgaier L. A Social Values Analysis of Self-Other
Differences in Decision Making Involving Risk[J]. Basic and Applied
Social Psychology，2008，30(2)：114 - 129.

[151] 刘永芳,张葳,孙庆洲,张湘一. 自我—他人心理距离的本质涵义及几种操纵方法有效性的比较[A]. 北京: 2014: 1711 - 1712.

[152] Doherty T J, Clayton S. The psychological impacts of global climate change.[J]. American Psychologist, 2011, 66(4): 265 - 276.

[153] Fusco E, Snider A, Luo S. Perception of global climate change as a mediator of the effects of major and religious affiliation on college students' environmentally responsible behavior [J]. Environmental Education Research, 2012, 18(6): 815 - 830.

[154] Masud M M, Akhtar R, Afroz R, 等. Pro-environmental behavior and public understanding of climate change[J]. Mitigation and Adaptation Strategies for Global Change, 2015, 20(4): 591 - 600.

[155] 王晓楠. 公众环境治理参与行为的多层分析[J]. 北京理工大学学报(社会科学版), 2018, 20(5): 37 - 45.

[156] Davis M A, Johnson N B, Ohmer D G. Issue-Contingent Effects on Ethical Decision Making: A Cross-Cultural Comparison[J]. Journal of Business Ethics, 1998, 17(4): 37389.

[157] Trope Y, Liberman N. Temporal construal.[J]. Psychological Review, 2003, 110(3): 403 - 421.

[158] Williams L E, Bargh J A. Keeping One's Distance: The Influence of Spatial Distance Cues on Affect and Evaluation [J]. Psychological Science, 2008, 19(3): 302 - 308.

[159] Ajzen, Icek. Understanding attitudes and predicting social behavior [M]. PRENTICE-HALL, 1980.

[160] Ajzen I. The theory of planned behavior[J]. Organizational Behavior and Human Decision Processes, 1991, 50(2): 179 - 211.

[161] Trope Y, Liberman N, Wakslak C. Construal Levels and Psychological Distance: Effects on Representation, Prediction, Evaluation, and Behavior[J]. Journal of Consumer Psychology, 2007, 17(2): 83 - 95.

[162] Hornik J, Cherian J, Madansky M, 等. Determinants of recycling

behavior：A synthesis of research results[J]. The Journal of Socio-Economics，1995，24(1)：105 - 127.

[163] Gamba R J, Oskamp S. Factors Influencing Community Residents' Participation in Commingled Curbside Recycling Programs [J]. Environment and Behavior，1994，26(5)：587 - 612.

[164] Werner C M, Turner J, Shipman K，等. Commitment, behavior, and attitude change：An analysis of voluntary recycling[J]. Journal of Environmental Psychology，1995，15(3)：197 - 208.

[165] Carmi N, Kimhi S. Further Than the Eye Can See：Psychological Distance and Perception of Environmental Threats[J]. Human and Ecological Risk Assessment：An International Journal，2015，21(8)：2239 - 2257.

[166] Leila Scannell, Robert Gifford. Personally Relevant Climate Change [J]. environment & behavior，2013，45：60 - 85.

[167] Lorenzoni I, Pidgeon N F. Public Views on Climate Change：European and USA Perspectives[J]. Climatic Change，2006，77(1 - 2)：73 - 95.

[168] Schoenefeld J J, McCauley M R. Local is not always better：the impact of climate information on values, behavior and policy support[J]. Journal of Environmental Studies and Sciences，2016，6(4)：724 - 732.

[169] 任玉冰. 社会距离与后果严重性对异性交往情境中风险决策的影响[J]. 菏泽学院学报，2017，39(6)：132 - 136.

[170] Ajzen I. The theory of planned behaviour：Reactions and reflections[J]. Psychology & Health，2011，26(9)：1113 - 1127.

[171] Morris S A, McDonald R A. The role of moral intensity in moral judgments：An empirical investigation[J]. Journal of Business Ethics，1995，14(9)：715 - 726.

[172] 宋晓兵,董大海,于丹,刘瑞明. 基于 TRA 理论的品牌购买行为倾向前因研究[J]. 大连理工大学学报(社会科学版)，2007(4)：12 - 18.

[173] 陈姝,窦永香,张青杰. 基于理性行为理论的微博用户转发行为影响因素

研究[J]. 情报杂志，2017，36(11)：147-152+160.

[174] L. Oksenberg，C. Cannell，G. Kalton. New Strategies for Pretesting Survey Questions[J]. Journal of Official Statistics，1991，7（3）：349-365.

[175] Darby L，Obara L. Household recycling behaviour and attitudes towards the disposal of small electrical and electronic equipment[J]. Resources，Conservation and Recycling，2005，44(1)：17-35.

[176] 刘奥彬，刘伟，陈慧慧. 基于典型相关分析的电子类生活垃圾回收政策及其效果关系研究[J]. 中国环境管理，2017，9(6)：79-83.

[177] Kavvouris C，Chrysochou P，Thøgersen J. "Be Careful What You Say"：The role of psychological reactance on the impact of pro-environmental normative appeals[J]. Journal of Business Research，2020，113：257-265.

[178] Aksen D，Aras N，Karaarslan A G. Design and analysis of government subsidized collection systems for incentive-dependent returns[J]. International Journal of Production Economics，2009，119（2）：308-327.

[179] Subramoniam R，Huisingh D，Chinnam R B. Remanufacturing for the automotive aftermarket-strategic factors：literature review and future research needs[J]. Journal of Cleaner Production，2009，17（13）：1163-1174.

[180] 王文宾，丁军飞，王智慧，达庆利. 回收责任分担视角下零售商主导闭环供应链的政府奖惩机制研究[J]. 中国管理科学，2019，27（7）：127-136.

[181] 王玉燕，申亮. 政府规制下 RSC 的激励研究[J]. 运筹与管理，2011，20(1)：173-178.

[182] 余福茂，钟永光，沈祖志. 考虑政府引导激励的电子废物回收处理决策模型研究[J]. 中国管理科学，2014，22(5)：131-137.

[183] 王文宾，达庆利，聂锐. 闭环供应链视角下废旧电器电子产品回收再利用

的激励 机制与对策[J]. 软科学，2012，26(8)：44 - 48.

[184] 任鸣鸣，刘丛，杨雪，鲁梦昕. 电子废弃物源头污染治理的激励与监督 [J]. 系统管理学报，2015，24(3)：405 - 412.

[185] 任鸣鸣，杨雪，鲁梦昕，杨燕，刘丛. 考虑零售商自利的电子废弃物回收激励契约设计[J]. 管理学报，2016，13(2)：285 - 294.

[186] 刘永清. EPR 制度下政府与家电生产企业博弈与激励机制研究[J]. 中国流通经济，2014，28(3)：85 - 90.

[187] 张峰，刘枚莲. 基于博弈论的逆向物流回收模式的选择[J]. 物流技术，2012，31(11)：72 - 74.

[188] 许民利，李圣兰，郑杰. "互联网＋回收"情境下基于演化博弈的电子废弃物回收合作机理研究[J]. 运筹与管理，2018，27(9)：87 - 98.

[189] 贡文伟，李虎，葛翠翠. 不对称信息下逆向供应链契约设计[J]. 工业工程与管理，2011，16(5)：27 - 32.

[190] Valderrama M J. An overview to modelling functional data [J]. Computational Statistics，2007，22(3)：331 - 334.

[191] 贡文伟，李虎，梅强. 政府引导下的逆向供应链契约设计[J]. 运筹与管理，2012，21(3)：242 - 249.

[192] Parajuly K，Fitzpatrick C，Muldoon O，等. Behavioral change for the circular economy：A review with focus on electronic waste management in the EU [J]. Resources，Conservation & Recycling：X，2020，6：100035.

[193] Oraiopoulos N，Ferguson M E，Toktay L B. Relicensing as a Secondary Market Strategy[J]. Management Science，2012，58(5)：1022 - 1037.

[194] 何文胜，马祖军. 废旧家电回收主体的利益和责任分析[J]. 中国人口·资源与环境，2009，19(2)：104 - 108.

[195] Shi A，Shao Y，Zhao K，等. Long-term effect of E-waste dismantling activities on the heavy metals pollution in paddy soils of southeastern China[J]. Science of The Total Environment，2020，705：135971.

［196］穆熙,李尧捷,曹红梅,王占祥,高宏,毛潇萱,马建民,黄韬. 中国西部某规模化电子垃圾拆解厂多氯联苯排放污染特征及职业呼吸暴露风险［J］. 环境科学学报,2019,39(8)：2800－2810.

［197］Singh N，Vives X. Price and Quantity Competition in a Differentiated Duopoly［J］. The RAND Journal of Economics，1984，15(4)：546.

［198］Wen W，Zhou P，Zhang F. Carbon emissions abatement：Emissions trading vs consumer awareness［J］. Energy Economics，2018，76：34－47.

［199］李春发,冯立攀. 考虑消费者偏好的 WEEE 双回收渠道设计策略研究［J］. 系统工程学报,2016,31(4)：494－503.

［200］Brécard D. Environmental Tax in a Green Market［J］. Environmental and Resource Economics，2011，49(3)：387－403.

索　引